职业教育课程改革创新规划教材
新农村建设职业培训系列教材　（农村电气技术）

农村电能应用

李金伴　郎　涛　主编
李捷辉　陈树人　参编

电子工业出版社
Publishing House of Electronics Industry
北京·BEIJING

内 容 简 介

本书以农村实用电能应用知识为主,主要讲述了农村电能应用设备类型、结构和应用实例等,具有农村小型电力排灌站,农业物联网,农用柴油发电机组,新型农机具的控制,农用电焊机与电动工具,GPS 在农业生产中的应用,农村大棚自动控制,自动化养鸡、养猪场的控制九个方面的内容。本书适合职业院校农村电气技术相关专业使用,也可供具有初中以上文化水平的广大农村电工、乡镇企业电工参阅,亦可供其他电气工人等阅读。

为方便教师教学,本书还配有教学参考资料包,详见前言。

未经许可,不得以任何方式复制或抄袭本书之部分或全部内容。
版权所有,侵权必究。

图书在版编目(CIP)数据

农村电能应用 / 李金伴,郎涛主编. —北京:电子工业出版社,2013.10
职业教育课程改革创新规划教材 新农村建设职业培训系列教材. 农村电气技术

ISBN 978-7-121-21717-3

Ⅰ. ①农… Ⅱ. ①李… ②郎… Ⅲ. ①农村-电能-应用-中等专业学校-教材 Ⅳ. ①TM92

中国版本图书馆 CIP 数据核字(2013)第 248021 号

策划编辑:	张 帆
责任编辑:	张 帆
印　　刷:	北京京师印务有限公司
装　　订:	北京京师印务有限公司
出版发行:	电子工业出版社
	北京市海淀区万寿路 173 信箱　邮编　100036
开　　本:	787×1 092　1/16　印张:12.75　字数:326.4 千字
印　　次:	2013 年 10 月第 1 次印刷
定　　价:	24.00 元

凡所购买电子工业出版社图书有缺损问题,请向购买书店调换。若书店售缺,请与本社发行部联系,联系及邮购电话:(010)88254888。

质量投诉请发邮件至 zlts@phei.com.cn,盗版侵权举报请发邮件至 dbqq@phei.com.cn。

服务热线:(010)88258888。

FOREWORD 前言

　　新农村建设是我国现代化进程中的重大历史任务。深入实施"新农村、新电力、新服务"的农电发展战略，安全、可靠、充足、经济的电力供应，是新农村建设的重要基础和保障。

　　随着农村电能应用的迅速发展，农村用电设备不断增加，乡镇企业不断涌现，农村电工和乡镇企业电工的队伍也日益壮大，建立、健全农村用电培训体系，农村电工队伍素质需要进一步提升。努力建设结构合理、技术适用、供电质量高、电能损耗低的新型农村用电网络。发展农村清洁能源，积极提供电能应用服务，立足于电工技术与技能，结合我国的实际情况，为了满足广大农村电工和乡镇企业电工的工作需要，我们编写了这本《农村电能应用》。

　　在编写过程中，本着从农村电工和乡镇企业电工的实际需要出发，在内容上力求简明实用，通俗易懂，重点介绍了农村和乡镇企业常用电气设备的基本结构、型号规格；安装、运行和使用维修；常见故障及其排除方法等知识。全书并有相关的数据表格和简明文字说明相结合，以便于读者理解和查找有关内容。同时，还注意到内容的先进性，书中介绍的电工产品主要是经过国家有关部门鉴定的符合国标的新产品，但考虑到运行、维修工作的需要，书中还介绍了目前仍在使用的部分老型号产品。

　　《农村电能应用》共9章，内容包括：农村小型电力排灌站，农业物联网，农用柴油发电机组，新型农机具的控制，农用电焊机与电动工具，GPS在农业生产中的应用，农村大棚自动控制，自动化养鸡、养猪场的控制、农村电气运行安全技术九个方面的内容。

　　《农村电能应用》由李金伴、郎涛主编，李捷辉、陈树人参编。全书由李金伴统编。全书由王善斌、李捷明担任主审，在审阅中他们对书稿提出许多宝贵意见，在此编者表示衷心感谢。

　　在编写过程中，参阅了有关书籍、资料和文献，在此对有关专家、学者和作者表示衷心感谢。

　　《农村电能应用》涉及面广，限于编者水平，书中难免会有错误、疏漏之处，诚恳希望读者给予批评指正。

　　《农村电能应用》可作为具有初中文化程度以上的广大农用电职工、农村电工和乡镇企业电工使用，也可作为培训和职业院校相关专业用书。

由于编者水平所限，本中难免会有错误和不妥之处，欢迎广大读者批评指正。

为方便教师教学，本书还配有电子教学参考资料包。请有此需要的读者登录华信教育资源网（http://www.hxedu.com.cn）免费注册后进行下载，有问题时请在网站留言或与电子工业出版社联系（E-mail:hxedu@phei.com.cn）。

编 者

2013.8.29

CONTENTS 目录

第1章 农村小型电力排灌站 ……………………………………………………………… (1)
  1.1 概述 ………………………………………………………………………………… (1)
  1.2 农村电力排灌设备的基本结构和分类 ………………………………………… (1)
    1.2.1 单级单吸离心泵基本结构 …………………………………………………… (1)
    1.2.2 蜗壳式混流泵基本结构 ……………………………………………………… (2)
    1.2.3 立式轴流泵基本结构 ………………………………………………………… (2)
    1.2.4 污水污物潜水电泵基本结构 ………………………………………………… (3)
    1.2.5 潜水轴流泵基本结构 ………………………………………………………… (3)
  1.3 农村电力排灌站水泵选型 ……………………………………………………… (4)
    1.3.1 水泵选型的基本原则 ………………………………………………………… (4)
    1.3.2 水泵类型的选择 ……………………………………………………………… (4)
    1.3.3 水泵结构形式比较 …………………………………………………………… (5)
    1.3.4 水泵台数的选择 ……………………………………………………………… (5)
  1.4 农村小型电力排灌设备的型号和主要技术参数 ……………………………… (6)
    1.4.1 中小型轴流泵主要技术参数 ………………………………………………… (6)
    1.4.2 IS 型单级单吸离心泵主要技术参数 ………………………………………… (7)
    1.4.3 WQ 系列污水污物潜水电泵主要技术参数 ………………………………… (8)
    1.4.4 潜水轴流泵主要技术参数 …………………………………………………… (10)
    1.4.5 QJ 系列井用潜水泵主要技术参数 …………………………………………… (11)
  1.5 农村电力排灌设备的安装、运行与维护方法 ………………………………… (13)
    1.5.1 卧式水泵机组的安装、运行与维护 ………………………………………… (13)
    1.5.2 井用潜水泵的安装、运行与维护 …………………………………………… (15)
    1.5.3 污水污物潜水电泵的安装、运行与维护 …………………………………… (16)
  1.6 农村电力排灌设备的常见故障及其排除方法 ………………………………… (18)
    1.6.1 离心泵、混流泵运行中常见的故障及排除方法 …………………………… (19)
    1.6.2 潜水泵的常见故障及排除方法 ……………………………………………… (20)
    1.6.3 污水污物潜水电泵的常见故障及排除方法 ………………………………… (21)
  1.7 思考题与习题 …………………………………………………………………… (22)

第2章 农业物联网 (23)
2.1 概述 (23)
2.2 农业物联网的体系结构 (29)
2.3 农业物联网应用系统的硬软件 (31)
2.4 农业物联网蔬菜温室大棚监控系统实例 (41)
2.5 思考题与习题 (43)

第3章 农用柴油发电机组 (44)
3.1 农用柴油发电机组的特点、组成和技术参数 (44)
3.1.1 农用柴油发电机组的特点 (44)
3.1.2 农用柴油发电机组的组成 (44)
3.1.3 农用柴油发电机组的型号及技术参数 (46)
3.2 柴油发电机组的选择 (47)
3.2.1 柴油机发电站总容量的选择 (47)
3.2.2 柴油发电机组台数的选择 (47)
3.2.3 柴油发电机组型式的选择 (47)
3.2.4 柴油发电机组单机容量的选择 (48)
3.3 简易柴油发电机组 (49)
3.3.1 简易柴油发电机组的型式和选择方法 (49)
3.3.2 功率匹配、转速匹配的性能参数 (50)
3.4 农用柴油机 (50)
3.4.1 柴油机的类型和总体结构 (50)
3.4.2 柴油机的工作原理 (52)
3.5 农用交流同步发电机 (53)
3.5.1 交流同步发电机的结构与励磁方式 (53)
3.5.2 T2系列三相交流同步发电机的主要技术参数 (53)
3.5.3 ST2系列单相交流同步发电机的主要技术参数 (55)
3.6 柴油发电机组的使用、保养及维修方法 (55)
3.6.1 柴油发电机使用前的准备工作 (55)
3.6.2 柴油发电机机组的启动、运行和停机 (57)
3.6.3 柴油机的保养 (59)
3.6.4 柴油发电机机组的维修 (60)
3.7 柴油发电机组的常见故障及其排除方法 (61)
3.8 思考题与习题 (62)

第4章 新型农机具的控制技术 (63)
4.1 发电机及调节器的类型、结构和技术参数 (63)
4.1.1 农用发电机的分类和结构 (63)
4.1.2 硅整流发电机 (66)

  4.1.3 硅整流发电机的调节器 …………………………………………………… (68)
4.2 启动电动机及控制电路 ……………………………………………………………… (71)
  4.2.1 串激式直流电动机的构造及工作原理 ………………………………… (71)
  4.2.2 启动电动机的传动机构和控制装置 …………………………………… (73)
  4.2.3 启动电动机的正确使用方法 …………………………………………… (75)
  4.2.4 启动电动机的常见故障及排除方法 …………………………………… (75)
4.3 磁电机和火花塞及控制电路 ………………………………………………………… (75)
  4.3.1 磁电机的结构、工作原理和主要技术参数 …………………………… (75)
  4.3.2 火花塞的结构和主要技术参数 ………………………………………… (77)
  4.3.3 磁电机点火装置的正确使用方法 ……………………………………… (77)
  4.3.4 磁电机点火装置的常见故障及排除方法 ……………………………… (77)
4.4 新型农机具的典型电路图和性能参数 ……………………………………………… (78)
4.5 新型农机具的传动方式和技术参数 ………………………………………………… (79)
  4.5.1 新疆-2 谷物联合收割机传动方式 ……………………………………… (79)
  4.5.2 新疆-2 型联合收割机主要技术参数 …………………………………… (82)
4.6 新型农机具的使用与保养方法 ……………………………………………………… (82)
  4.6.1 农机具的使用、维护与保养 …………………………………………… (83)
4.7 新型农机具的常见故障及其排除方法 ……………………………………………… (84)
4.8 思考题与习题 ………………………………………………………………………… (85)

第 5 章 农用电焊机与电动工具 …………………………………………………………… (86)
5.1 农用电焊机的类型、结构和技术参数 ……………………………………………… (86)
5.2 农用电动工具用单相串励电动机的类型、结构和参数 …………………………… (93)
5.3 农用电动工具的类型和主要技术参数 ……………………………………………… (95)
  5.3.1 农用电动工具产品的型号组成和分类 ………………………………… (95)
  5.3.2 电动工具的基本要求、基本结构及用途 ……………………………… (99)
  5.3.3 金属切削类电动工具 …………………………………………………… (103)
5.4 思考题与习题 ………………………………………………………………………… (109)

第 6 章 GPS 在农业生产中的应用 …………………………………………………………… (110)
6.1 农用 GPS 的型号、结构、参数和选择 …………………………………………… (111)
  6.1.1 AgGPS132 接收机 ……………………………………………………… (111)
  6.1.2 Trimble AgGPS332 接收机 …………………………………………… (113)
  6.1.3 Magellan GPS315/GPS320 接收机 …………………………………… (114)
  6.1.4 4600LS GPS 测量型接收机 …………………………………………… (114)
6.2 GPS 在联合收割机谷物测产中应用 ……………………………………………… (116)
  6.2.1 谷物测产系统基本组成 ………………………………………………… (116)
  6.2.2 DGPS 定位原理 ………………………………………………………… (116)
  6.2.3 NMEA-0183 语句格式 ………………………………………………… (117)
  6.2.4 谷物产量分布图 ………………………………………………………… (117)

		6.3 GPS 在现代农业信息中的应用	(118)
		6.4 思考题与习题	(120)

第 7 章 农村大棚自动控制技术 (121)

  7.1 农村大棚的结构和特点 (121)
  7.2 农村大棚的控制设备的结构 (124)
  7.3 农村大棚的自动控制设备的安装和选择 (129)
  7.4 农村大棚的典型电路图 (133)
  7.5 思考题与习题 (138)

第 8 章 自动化养鸡、养猪场的控制 (139)

  8.1 概述 (139)
  8.2 自动化养鸡、养猪场的结构和特点 (139)
    8.2.1 养殖场规划布局特点 (139)
    8.2.2 养殖场的设计特点 (139)
  8.3 自动化养鸡、养猪场控制设备的技术要求 (141)
    8.3.1 自动化养鸡设备 (141)
    8.3.2 自动化养猪设备分类 (143)
  8.4 自动化养鸡、养猪场自动控制设备的安装和选择 (144)
    8.4.1 风机的结构、选择、使用和维护 (144)
    8.4.2 空气电净化设备的组成、使用和维护 (146)
    8.4.3 水帘降温系统的原理、特点、使用和维护 (146)
    8.4.4 养猪场自动监控及信息化管理系统技术原理与性能指标 (148)
  8.5 自动化养鸡、养猪场的典型电路图 (148)
    8.5.1 养鸡场典型温度控制器电路图 (148)
    8.5.2 育雏典型温控器电路图 (151)
    8.5.3 养鸡场自动补光灯电路图 (152)
    8.5.4 鸡舍自动控制器电路图 (153)
    8.5.5 禽蛋自动孵化器电路图 (155)
    8.5.6 雏鸡孵出告知器电路图 (157)
    8.5.7 养鸡场综合自动化控制系统和视频监控系统图 (158)
    8.5.8 养猪厂典型环境自动监控系统和自动控制系统电路图 (162)
    8.5.9 畜牧养殖场电围栏控制电路图 (164)
    8.5.10 牲畜产仔告知器电路图 (166)
  8.6 思考题与习题 (167)

第 9 章 农村电气运行安全技术 (168)

  9.1 概述 (168)
    9.1.1 农村电气安全运行组织措施 (168)
    9.1.2 农村电气安全运行技术措施 (170)

9.1.3 其他电气安全运行措施 …………………………………………（172）
　9.2 农村触电的形式 …………………………………………………………（175）
　9.3 农村触电和触电急救的方法 ……………………………………………（176）
　　　9.3.1 触电后的临床表现 …………………………………………………（177）
　　　9.3.2 脱离电源的方法 ……………………………………………………（177）
　　　9.3.3 心肺复苏法 …………………………………………………………（177）
　　　9.3.4 创伤急救 ……………………………………………………………（180）
　9.4 农村漏电保护器设备的安装和选择 ……………………………………（183）
　　　9.4.1 漏电保护器设备的安装 ……………………………………………（183）
　　　9.4.2 漏电保护器设备的选择 ……………………………………………（185）
　9.5 农村电气安全管理组织措施 ……………………………………………（186）
　9.6 农村电气设备防火、防爆和消防 ………………………………………（188）
　　　9.6.1 电气设备火灾的原因与预防 ………………………………………（189）
　　　9.6.2 电气设备火灾的扑救 ………………………………………………（190）
　9.7 思考题与习题 ……………………………………………………………（191）
参考文献 …………………………………………………………………………（192）

第1章 农村小型电力排灌站

1.1 概述

农村电力排灌站是农业的基本建设,是促进农业生产发展的重要环节。根据农业基本建设的要求,电力排灌站要保证遇旱有水,遇涝排水。农村小型电力排灌站具有投资小、见效快,移动灵活、安装方便等特点,在战胜干旱、洪涝等自然灾害的过程中发挥了巨大作用,促进了农业生产的发展。

1.2 农村电力排灌设备的基本结构和分类

常用的农村电力排灌设备有离心泵、混流泵、轴流泵、污水污物潜水电泵、潜水轴流泵、井用潜水电泵等,以下介绍几种常用水泵的基本结构。

1.2.1 单级单吸离心泵基本结构

单级单吸离心泵基本结构如图 1-1 所示。

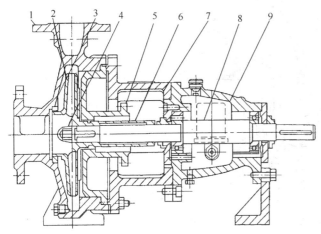

1—泵体;2—叶轮;3—密封环;4—叶轮螺母;
5—泵盖;6—密封部件;7—支架;8—泵轴;
9—悬架部件

图 1-1 单级单吸离心泵结构图

1.2.2 蜗壳式混流泵基本结构

蜗壳式混流泵基本结构如图 1-2 所示。

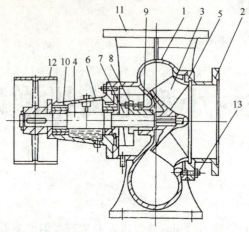

1—泵壳；2—泵盖；3—叶轮；4—泵轴；5—减漏环；6—轴承盒；7—轴套；
8—填料压盖；9—填料；10—滚动轴承；11—出水口；12—皮带轮；13—双头螺钉

图 1-2　蜗壳式混流泵结构图

1.2.3　立式轴流泵基本结构

立式轴流泵基本结构如图 1-3 所示。

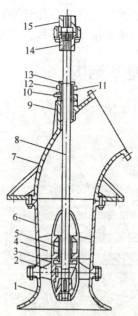

1—吸入管；2—叶片；3—轮毂体；4—导叶；5—下导轴承；6—导叶管；7—出水弯管；8—泵轴；
9—上导轴承；10—引水管；11—填料；12—填料盒；13—压盖；14—泵联轴器；15—电动机联轴器

图 1-3　立式轴流泵结构图

1.2.4 污水污物潜水电泵基本结构

WQ 型污水污物潜水电泵基本结构如图 1-4 所示。

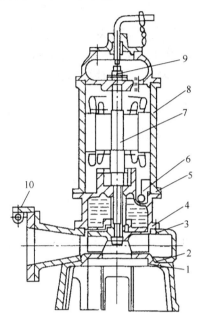

1—进水端盖；2—O 形密封圈；3—泵体；4—叶轮；5—浸水检出口；6—机械密封；7—轴；8—电动机；9—过负荷保护装置；10—连接部件

图 1-4　WQ 型污水污物潜水电泵结构图

1.2.5 潜水轴流泵基本结构

潜水轴流泵基本结构如图 1-5 所示。

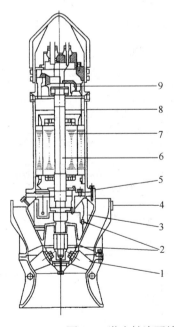

1—叶轮；2—轴密封；3—油室；4—防转装置；5—轴承；6—泵\电动机轴；7—电动机；8—冷却部位；9—监测装置

图 1-5　潜水轴流泵结构图

1.3 农村电力排灌站水泵选型

农村电力排灌站水泵选型的主要内容是确定水泵的类型、型号和台数等。因为动力机、传动及辅助设备等的配套，泵站工程建筑物的设计以及泵站经济运行都是以水泵选型为依据的，水泵选型不合理不仅会增加工程投资，而且会降低水泵的运行效率，增加泵站能耗和运行费用。因此，水泵选型必须十分重视。

1.3.1 水泵选型的基本原则

（1）必须根据生产的需要满足流量和扬程（或压力）的要求。
（2）水泵应在高效范围内运行。
（3）合理选择水泵型号和台数，减少工程投资。
（4）在设计标准的各种工况下，水泵机组能正常安全运行，即不允许发生汽蚀、振动和超载等现象。
（5）便于安装、维修和运行管理。

1.3.2 水泵类型的选择

水泵类型通常根据地区特点和泵站的性质来选择。常用泵型比较见表 1-1。由该表可见，灌溉或给水泵站，扬程较高，宜选用离心泵和混流泵。对于扬程较低的排水泵站，常选用混流泵和轴流泵。一般情况下，扬程小于 10 m 时，宜选用轴流泵；扬程在 5～30 m 时宜选用混流泵；扬程在 20～100 m 时宜选用单级离心泵；扬程大于 100 m 时可选用多级离心泵。

表 1-1 常用泵型比较表

水泵类型	离心泵	混流泵	轴流泵
比转速	40～300	300～500	500 以上
扬程范围	10 m 以上	5～30 m	小于 10 m
口径	40～2000 mm	100～6000 mm	300～4500 mm
流量范围	流量小，但从零流量到大流量均能运转	流量较大，从零流量到大流量均能运转	流量大，不能在小流量范围内运转
轴功率变化	具有上升型功率曲线，零流量时功率最小	具有平坦的功率曲线，电动机始终能满载运行	具有陡降型功率曲线，零流量时功率最大
效率变化	高效率范围广，能适应扬程变化	高效率范围广，能适应扬程变化	高效率范围窄，扬程变化后，效率很快降低
汽蚀性能	好	好	较差
结构与重量	同口径时结构复杂，重量大	同口径时结构较简单，重量较大	同口径时结构简单，重量较轻。全调节泵结构复杂
辅助设备	较少	中小型泵辅助设备少，大型泵辅助设备多	中小型泵辅助设备少，大型泵辅助设备多
维修保养	较易	较易	较麻烦
耐用年限	较长	较长	较短

应该指出,轴流泵和混流泵的流量及扬程在很大范围内是重叠的,但因混流泵的高效范围宽,轴功率变化平坦,工况变化时,动力机接近额定工况下工作,运行效率较高。加之有些混流泵的尺寸较小,土建投资省,所以在这两种泵型都可选用的情况下,应优先选用混流泵。

此外,为了适应一些小型排灌的需要,还可以选择如井用潜水泵、污水污物潜水电泵、潜水轴流泵等型号的排灌设备。这些设备具有投资小、见效快、移动灵活、安装方便等特点。

1.3.3　水泵结构形式比较

水泵的结构形式主要有卧式、立式和斜式。卧式和立式的主要特点如表 1-2 所示,斜式介于二者之间。

一般来说,立式泵的平面尺寸较小,高度较高。水泵叶轮淹没于水中,水泵启动方便,动力机可安装在最高洪水位以上,通风采光条件较好。但安装要求较高,检修较麻烦。因此,立式泵适用于水位变化较大的场合。卧式泵的泵房面积较大,但安装检修较方便,泵房荷载分布较均匀,适合于地基应力较弱的泵站。卧式泵叶轮高于进水池水位时,需要增加充水设备。通常,卧式泵适用于进水池水位变化较小的场合。由此可见,在选择水泵的结构形式时,应综合考虑泵站的任务和性质、水源水位变化幅度、地基条件、开挖深度等各方面的条件来确定,以达到工程投资和运行费较少的目的。

表 1-2　水泵结构形式比较

卧　式　泵	立　式　泵
叶轮如不淹没,启动时需抽真空	叶轮淹没,无须抽真空,启动简单
主要部件在水面以上,不易被腐蚀,保养、维修容易	主要部件在水面以下,易被腐蚀,保养、维护麻烦
对于叶轮安装在水面以上的卧式泵,吸水高度高,易引起汽蚀	对于叶轮安装在水面以下的立式泵,吸水高度低,不易引起汽蚀
中小型泵吸水管路长,水力损失大	管路短,损失小
泵房开挖深度小,造价较低	泵房开挖深度大,造价较高
泵房占地面积大,但高度较低	泵房占地面积小,但高度较高
对于进水池水位变化较大的泵站,卧式机组防洪要求较高	立式电动机有条件置于洪水位以上,防洪要求较低
主轴挠度大,轴承磨损不均匀	挠度小,磨损较均匀

1.3.4　水泵台数的选择

在确定水泵台数时,应考虑以下几个问题:

(1) 从建站投资看,在泵站流量相同的情况下,台数少,机电设备少,泵房面积小。因而泵站土建投资和机电投资都会减少。但需要指出的是,在单泵流量增大到一定程度后,水泵的汽蚀性能将会降低。这就有可能增加泵站的开挖深度,以致加大工程投资和施工难度。

(2) 从运行管理费用看,水泵机组台数少,单机容量大,机电设备的运行效率较高,维修管理较方便,所需的运行管理人员较少,费用较低。

（3）从泵站工作任务的保证性和适应性看，水泵机组台数越多，对运行期间要求流量的适应性越大。一旦水泵机组出现故障，对排灌影响较少，故具有较高的保证性。

（4）从泵站性质看，一般排水泵站的设计流量及排水过程中的流量变化均大于给水或灌溉泵站。所以，排水泵站的水泵台数一般较多。在一般情况下，当排水量小于 4 m^3/s 时可选用 2 台，大于 4 m^3/s 时，可选 3 台以上；对给水或灌溉泵站，当流量小于 1 m^3/s 可选 2 台，大于 1 m^3/s 时可选 3 台以上。对梯级泵站，还应根据需要选配 1~3 台小型调节机组，以适应流量变化的需要。

（5）从备用容量看，在需要备用机组的情况下，当机组台数较少时，备用机组的容量也较大。备用容量的增加又会加大工程投资。一般控制备用容量不超过总容量的 15%。

1.4　农村小型电力排灌设备的型号和主要技术参数

1.4.1　中小型轴流泵主要技术参数

中小型轴流泵主要技术参数（安放角度 0°）如表 1-3 所示。

标 1-3　中小型轴流泵主要技术参数（安放角为 0°）

型　号	流量 $Q/(m^3/s)$	扬程 $H/(m)$	转速 $n/(r/min)$	功率 $P/(kW)$		效率 $\eta/\%$	叶轮直径 D/mm
				轴功率	配套功率		
14ZLB-70	0.266	6.21	1460	24.5	30	79	300
14ZLB-100	0.255	3.9	1450		20	83	300
20ZLB-70	0.6	6.3	980	45.5	55	81.2	450
	0.735	4.65	980	40.8	55	82.1	
20ZLB-100S	0.55	2.55	730	17.1	22	80.2	
28ZLB-70	1.35	7.3	730	115	155	83.1	650
32ZLB-100	1.083	2.86	580	51.1	55	80.8	
36ZLB-70	2.0	5.4	480	125	155	83.6	850
36ZLB/Q-100	2.42	4.00	480	107.5	180	84.0	
40ZLQ-50	3.2	12	585	436	520	86.6	870
40ZLB-85	2.5	5.1	485	146.6	180	84.9	870
48ZLB-70	2.69	6.51	480		280	82.6	1000
50ZLQ-50	5.3	13.7	485	810	1100	87.9	1100
56ZLQ-85	5.573	5.86	360		500	86	

1.4.2 IS型单级单吸离心泵主要技术参数

IS 型单级单吸离心泵主要技术参数如表 1-4 所示。

表 1-4 IS型单级单吸离心泵主要技术参数

型号	转速 n/(r/min)	流量 Q/(m³/h)	扬程 H/m	效率 η/%	电机功率 P/kW	必需汽蚀余量 NPSH/m	型号	转速 n/(r/min)	流量 Q/(m³/h)	扬程 H/m	效率 η/%	电机功率 P/kW	必需汽蚀余量 NPSH/m
IS80-65-125A	2900	28.5	20	62	4	3	IS80-50-250A	2900	28	75	50	18.5	2.5
		47.4	18	73		3			47.4	72	61		2.5
		57	16	72		3.5			56.5	67	62		3
IS80-65-125B	2900	26	17	60	3	3	IS80-50-250B	2900	26	65	48	15	2.5
		43.3	15	71		3			44	62	59		2.5
		51	13	70		3.5			52	57	60		3
IS80-65-160	2900	30	36	61	7.5	2.5	IS80-50-315	2900	30	128	41	37	2.5
		50	32	73		2.5			50	125	54		2.5
		60	29	72		3			60	123	57		3
	1450	15	9	55	1.5	2.5		1450	15	32.5	39	5.5	2.5
		25	8	69		2.5			25	32	52		2.5
		30	7.2	68		3			30	31.5	56		3
IS80-65-160A	2900	28	32	59	5.5	2	IS80-50-315A	2900	27.5	110	39	30	2.5
		47	28	71		2			46	107	52		2.5
		56	25	70		3			55.5	106	55		3
IS80-50-315B	2900	25	89	37	22	2.5	IS100-65-200B	2900	52	41	61	15	3
		41.5	87	50		2.5			86.6	38	72		3.6
		50	85	53		3			104	35.5	73		4.8
IS100-80-125	2900	60	24	67	11	4		1450	26	10	56	2.2	2
		100	20	78		4.5			43.3	9.5	69		2
		120	16.5	74		5			52	9	70		2.5
	1450	30	6	64	1.5	2.5	IS100-65-250	2900	60	87	61	3.7	3.5
		50	5	75		2.5			100	80	72		3.8
		60	4	71		3			120	74.5	73		4.8
IS100-80-125A	2900	57	21.5	65	7.5	4		1450	30	21.3	55	5.5	2
		95	18	76		4.5			50	20	68		2
		114	14.5	72		3			60	19	70		2.5
IS100-80-125B	2900	51.5	17.5	63	5.5	4	IS100-65-250A	2900	56	76	59	30	3.5
		86.6	15	74		4.5			93.5	70	70		3.5
		103	12	70		5			112	65	71		4.8
IS100-80-160	2900	60	36	70	15	3.5	IS100-65-250B	2900	51	64	57	22	3.5
		100	32	70		4			86	59	68		3.8
		120	28	75		5			102	54	69		4.8
	1450	30	9.2	67	2.2	2	IS100-65-315	2900	60	133	55	75	3
		50	8	75		2.5			100	125	66		3.6
		60	6.8	71		3.5			120	118	67		4.2
IS100-80-160A	2900	56	31	67	11	3.4		1450	30	34	51	11	2
		93	27	74		3.6			50	32	63		2
		112	24	72		4.5			60	30	64		2.5
	1450	27.5	8	65	1.5	2	IS100-65-315A	2900	56	115	63	55	2.8
		45	6.5	73		2.5			93	109	64		3.2
		55.5	5.8	69		3.5			112	102	65		3.8

（续表）

型号	转速 n/(r/min)	流量 Q/(m³/h)	扬程 H/m	效率 η/%	电机功率 P/kW	必需汽蚀余量 NPSH/m	型号	转速 n/(r/min)	流量 Q/(m³/h)	扬程 H/m	效率 η/%	电机功率 P/kW	必需汽蚀余量 NPSH/m
IS100-80-160B	2900	49	24	65	7.5	3.4	IS100-65-315B	2900	52.6	103	51	45	2.8
		82	21	72		3.6			88	97	62		3.2
		98	18.5	70		4.5			105	91	63		3.8
	1450	24.5	6	63	1.1	2	IS125-100-200	2900	120	57.5	67	45	4.5
		41	5	71		2.5			200	50	81		4.5
		49	4.5	67		3.6			240	44.5	80		5
IS100-65-200	2900	60	54	65	22	3		1450	60	14.5	62	7.5	2.5
		100	50	76		3.6			100	12.5	76		2.5
		120	47	77		4.8			120	11	75		3
	1450	30	13.5	60	4	2	IS125-100-200A	2900	111	50	65	37	4.5
		50	12.5	73		2			186	43	79		4.5
		60	11.8	74		2.5			223	38	78		5
IS100-65-200A	2900	56.5	48	63	18.5	3		1450	55.5	12.5	60	5.5	2.5
		94.6	44.7	74		3.6			93.5	11	74		2.5
		113	42	75		4.8			111	9.5	73		3
	1450	28	12	58	3	2	IS125-100-200B	2900	104	43.5	63	30	4.5
		47.0	11	71		2			174	38	77		4.5
		56.5	10.5	72		2.5			209	33.5	76		5

1.4.3　WQ系列污水污物潜水电泵主要技术参数

（1）型号说明（如图1-6所示）。

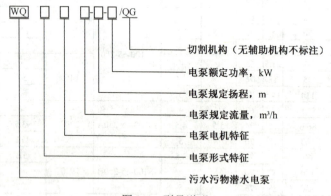

图1-6　型号说明

① 电泵型号特征。

X—旋流式；H—混流式；Z—轴流式；

叶轮结构为流道式、螺旋离心式、闭式和半开式不标注。

② 电泵电机特征。

S—充水式；Y—充油式；D—单相；G—高压（660 V及以下三相干式电机不标注）。

（2）规格及主要技术参数，见表1-5。

表 1-5　WQ 系列污水污物潜水电泵主要技术参数

排出口径 D/mm	流量 Q/(m³/h)	扬程 H/m	功率 P/kW	同步转速 n/(r/min)	电泵效率 η/%	通过颗粒最大直径 D_{max}/mm
200	210	7	11	1500	50.1	50
150	140	10			48.4	45
100	100	15			47.0	35
100	70	20			45.1	30
80	45	32			43.5	30
80	30	40			40.4	25
200	300	7	15		51.9	55
150	200	10			50.6	45
100	100	19			47.6	35
100	60	30			44.8	30
80	45	40			44.0	30
200	300	8	18.5		52.6	55
200	200	12			51.2	50
150	140	15			49.6	45
100	100	22			48.2	35
200	400	7	22		54.1	55
150	300	10			53.2	50
150	200	15			51.8	45
150	150	20			50.7	40
100	100	30			48.8	35
80	70	35			46.8	30
300	600	7	30	1500 1000	55.3	75
200	400	10			54.2	50
150	200	20			52.0	40
100	150	25			50.8	35
100	100	38			48.9	30
300	700	7	37	1000	57.0	80
250	500	10			56.1	55
200	300	15			54.8	50
150	200	25			53.4	40
150	150	32			52.2	35
300	800	8	45	1000	57.8	70
250	600	11			57.1	55
200	400	16			56.0	50
200	300	20			55.1	50
200	200	30			53.7	45
150	150	40			52.5	40
100	100	50			50.5	35
350	1100	7	55		58.6	75
250	800	10			58.1	60
250	500	15			56.8	50
200	400	20			56.3	45
200	300	25			55.5	40
150	200	37			54.0	35
150	150	45			50.8	35

（续表）

排出口径 D/mm	流量 Q/(m³/h)	扬程 H/m	功率 P/kW	同步转速 n/(r/min)	电泵效率 η/%	通过颗粒最大直径 D_{max}/mm
350	1500	7	75		59.6	80
250	1100	10			59.1	60
300	900	12			58.7	55
250	700	15			58.2	50
200	500	20			57.3	50
200	300	35			56.0	50
550	2500	5	90	1000	60.4	115
400	2000	6			61.1	100
300	1250	10			59.3	60
250	850	15			58.9	55
250	600	20			58.1	50
500	3000	6	110		60.9	105
400	2500	7			60.8	95
350	1500	11			60.0	80
250	1000	17			59.5	60
250	700	24			58.7	50
200	500	33			57.8	45

1.4.4 潜水轴流泵主要技术参数

叶片安放角为 0°时的潜水轴流泵主要技术参数见表 1-6。

表 1-6 叶片安放角为 0°时的潜水轴流泵主要技术参数

排出口径 D/mm	流量 Q/(m³/h)	扬程 H/m	功率 P/kW	同步转速 n/(r/min)	电泵效率 η/%	通过颗粒最大直径 D_{max}/mm
300	600	2.8	11	1500	52.4	50
250	300	5.5			52.9	40
200	220	7.4			50.5	35
350	800	2.8	15		53.6	50
300	600	3.8			53.6	50
500	2020	1.4	18.5	750	52.8	80
350	800	3.4		1500	53.0	55
500	1600	2.0	22	750	52.2	80
250	500	6.5		1500	53.2	45
600	2880	1.6	30	750	53.3	90
500	2160	2.0			52.4	80
400	1600	3.6		1000	53.2	70
350	1250	3.4			51.5	65
350	960	4.5		1500	52.2	60
300	800	6.0			56.5	55
500	2880	2.0	37		57.0	95
350	1170	4.6		1000	54.4	60
350	700	8.0			57.5	55
600	4160	1.7	45	750	57.5	90
500	2160	3.0		1000	55.6	95
350	1250	5.5		1500	57.4	60

(续表)

排出口径 D/mm	流量 Q/(m³/h)	扬程 H/m	功率 P/kW	同步转速 n/(r/min)	电泵效率 η/%	通过颗粒最大直径 D_{max}/mm
500	2880	2.8	55	1000	55.5	95
500	2160	3.8			55.0	95
700	5200	2.2	75	600	58.1	105
700	3850	2.8			54.0	100
500	1980	5.6		1000	56.0	90
350	1250	9		1500	56.4	60
700	3750	3.8	90	600	59.8	95
500	2160	6.5		1000	55.6	95

1.4.5 QJ 系列井用潜水泵主要技术参数

QJ 系列井用潜水泵主要技术参数见表 1-7。

表 1-7 QJ 系列井用潜水泵主要技术参数

型号	流量 Q/(m³/h)	扬程 H/m	转速 n/(r/min)	效率 η/%	配套电动机功率 P/kW	电泵井下最大径向尺寸 D_{max}/mm
175QJ25-26		26			3	
175QJ25-39		39			5.5	
175QJ25-65		65			7.5	
175QJ25-78		78			9.2	
175QJ25-91	25	91	2850	66	11	168
175QJ25-104		104			13	
175QJ25-130		130			15	
175QJ25-156		156			18.5	
175QJ25-182		182			22	
175QJ25-208		208			25	
175QJ32-24		24			4	
175QJ32-36		36			5.5	
175QJ32-48		48			7.5	
175QJ32-60		60			9.2	
175QJ32-72	32	72	2850	67	11	168
175QJ32-84		84			13	
175QJ32-96		96			15	
175QJ32-120		120			18.5	
175QJ32-144		144			22	
175QJ32-168		168			25	
175QJ40-24		24			5.5	
175QJ40-36		36			7.5	
175QJ40-48		48			9.2	
175QJ40-60		60			11	
175QJ40-72	40	72	2850	70	13	168
175QJ40-84		84			15	
175QJ40-96		96			18.5	
175QJ40-120		120			22	
175QJ40-132		132			25	

（续表）

型号	流量 $Q/(m^3/h)$	扬程 H/m	转速 $n/(r/min)$	效率 $\eta/\%$	配套电动机功率 P/kW	电泵井下最大径向尺寸 D_{max}/mm
175QJ50-24	50	24	2850	72	5.5	168
175QJ50-36		36			9.2	
175QJ50-48		48			11	
175QJ50-60		60			13	
200QJ50-65	50	65	2850	74	15	184
200QJ50-78		78			18.5	
200QJ50-91		91			22	
200QJ50-104		104			25	
200QJ50-130		130			30	
200QJ50-156		156			37	
200QJ63-24	63	24	2850	74	7.5	184
200QJ63-36		36			11	
200QJ63-60		60			18.5	
200QJ63-72		72			22	
200QJ63-84		84			25	
200QJ63-96		96			30	
200QJ63-120		120			37	
200QJ63-144		144			45	
200QJ80-22	80	22	2850	75	7.5	184
200QJ80-33		33			11	
200QJ80-44		44			15	
200QJ80-55		55			18.5	
200QJ80-66		66			22	
200QJ80-88		88			30	
200QJ80-99		99			37	
200QJ80-121		121			45	
200QJ100-18	100	18	2850	75	9.2	184
200QJ100-36		36			18.5	
200QJ100-45		45			22	
200QJ100-54		54			25	
200QJ100-63		63			30	
200QJ100-72		72			37	
200QJ100-90		90			45	
250QJ32-69	32	69	2875	66	11	233
250QJ32-92		92			15	
250QJ32-115		115			18.5	
250QJ32-138		138			22	
250QJ63-20	63	20	2875	74	5.5	233
250QJ63-40		40			11	
250QJ63-60		60			18.5	
250QJ63-80		80			22	
250QJ63-100		100			30	
250QJ63-120		120			37	
250QJ63-160		160			45	
250QJ63-200		200			55	
250QJ63-220		220			63	
250QJ63-260		260			75	
250QJ63-300		300			90	

（续表）

型　号	流量 Q/（m³/h）	扬程 H/m	转速 n/（r/min）	效率 η/%	配套电动机功率 P/kW	电泵井下最大径向尺寸 D_{max}/mm
250QJ80-20	80	20	2875	75	7.5	233
250QJ80-40		40			15	
250QJ80-60		60			22	
250QJ80-80		80			30	
250QJ80-100		100			37	
250QJ80-120		120			45	
250QJ80-160		160			55	
250QJ80-180		180			63	
250QJ80-200		200			75	
250QJ80-240		240			90	
250QJ100-18	100	18	2875	75	7.5	233
250QJ100-36		36			15	
250QJ100-54		54			25	
250QJ100-72		72			30	
250QJ100-108		108			45	
250QJ100-126		126			55	
250QJ100-144		144			63	
250QJ100-162		162			75	
250QJ100-198		198			90	
250QJ100-216		216			100	

1.5　农村电力排灌设备的安装、运行与维护方法

1.5.1　卧式水泵机组的安装、运行与维护

（1）卧式水泵机组的安装程序如图 1-7 所示。

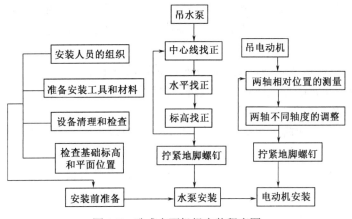

图 1-7　卧式水泵机组安装程序图

（2）电机与水泵之间的联轴器同轴度允许偏差值见表 1-8。

表 1-8　联轴器同轴度允许偏差值 d/mm

转速 n（r/min）	刚性连接		弹性连接	
	径　向	端　面	径　向	端　面
1500~750	0.10	0.05	0.12	0.18
750~500	0.12	0.06	0.16	0.10
<500	0.16	0.08	0.24	0.15

（3）管路安装要点。

① 进出水管路不能漏气漏水。进水管漏气会破坏水泵进口处的真空，使水泵的出水量减少，甚至不出水。出水管漏水虽不会影响水泵的正常工作，但严重时会浪费水量，降低装置效率，同时有碍泵站管理。所以进、出水管路应尽可能用法兰连接。

② 在靠近水泵进口处的进水管路应避免直接装弯头，更不能允许有水平向转弯的弯头，而应装一段不小于 4 倍于直径长的直管。否则，水流在水泵进口处的流速分布不均，将影响水泵的效率。进水管路要尽量短，弯头越少越好，以减少水头损失。在水平管段不允许有向上翘起的弯管或沿水流方向有坡度下降的现象。否则，水泵运行时，管中容易积存空气，影响水泵的正常运行。

③ 进水管进口应装滤网或在进水池前设拦污栅，以防杂物吸入水泵内影响水泵的工作。考虑到水泵工作时水面的降落，吸水管进口要有足够的淹没深度。

④ 水泵的进水管路一定要有支承，避免把管路重量传到泵体上。

⑤ 安装出水管路时定线要准确，管路的坡度及线路方向应符合设计要求，以利于管路的稳定。采用承插接口的钢管或铸铁管，接口填料一定不能漏水。泵站内部的出水管路应采用法兰连接，以便于拆装检修。

⑥ 合理选择管路的铺设方式。管路铺设有明式和暗式两种。明式铺设的优点是便于管路的安装和检修，缺点是需要经常维护；暗式铺设的优缺点恰好与明式铺设相反。一般金属管均采用明式铺设。明式铺设直管段必须支承在混凝土、浆砌块石或砖砌的支墩上。支墩与管路之间不能紧固，以使管路在温度发生变化时可自由地伸缩。管路转弯处要用镇墩固定，以防止管路移动，两镇墩之间应加装伸缩节。

对于钢筋混凝土管，一般要采用地下埋设，通常铺设在连续的素混凝土管床或者浆砌石管座上，管座对管路的包角以 90°、120°或 135°最佳，为防止管路位移，在管路转弯处需设镇墩。

（4）机组运行及维护。

对于季节性运行的排灌泵站，投入运行时应做好以下工作。

① 在机组投入正常的排灌作业前，要进行试运行，并应检查前池淤积、管路支承、管体的完整以及各仪表和安全保护设施等情况。

② 开启饮水闸门，使前池水位达设计水位，开启吸水管路上的闸阀（负值吸水时），或抽真空进行充水；启动补偿器或其他启动设备启动机组，当机组达到额定转速，压力超过额定压力后（指离心泵机组），逐渐开启出水管路的闸阀，使机组投入正常运行。

③ 观察机组运行的响声是否正常。如发现过大振动或机械撞击声，应立即停机进行检修。

④ 经常观察前池的水位情况，清理拦污栅上堵塞的树枝、杂草、冰屑等，并观测水流的含沙量与水泵性能参数的关系。

⑤ 检查水泵轴封装置的水封情况。正常运行的水泵，从轴封装置中渗漏的水量以每分钟 30~60 滴为宜。滴水过多说明填料过松，起不到水封的作用，空气可能由此进入叶轮（指双吸式泵）破坏真空，并影响水泵的流量或效率。相反，滴水过少或不滴水，说明填料压得太紧，润滑冷却条件差，填料易摩擦发热变质而损坏，同时泵轴被咬紧，增大水泵的机械损失，使机组运行的功率增加。

⑥ 检查轴承的温度情况。经常触摸轴承外壳是否烫手，如手不能触摸，说明轴承温度过高。这样将会使润滑油质分解，摩擦面油膜被破坏、润滑失效，并使轴承温度更加升高，引起烧瓦或滚珠破裂，造成轴咬死的事故。轴承的温升，一般不得超过周围环境温度 35℃，轴承允许最高温度：滑动轴承为 80℃，滚动轴承为 95℃。运行中应对冷却水系统的水量、水压经常观察。另外，对润滑油的油量、油质、油管是否堵塞，以及油环是否转动灵活，也应经常观察。

⑦ 注意真空表与压力表的读数是否正常。正常情况下，开机后真空表和压力表的指针偏转一定数值后，就不再转动，说明水泵运行已经稳定。如果真空表读数下降，一定是吸水管路或泵盖结合面漏气。如果指针摆动，很可能是前池水位过低或者吸水管进口堵塞。压力表指针如果摆动很大或显著下降，很可能是转速降低或泵内吸入空气。

⑧ 机组运行时还应注意各辅助设备的运行情况，发现异常应及时处理。

1.5.2 井用潜水泵的安装、运行与维护

（1）井用潜水泵安装注意事项。

① 井用潜水泵安装使用前，应先对井径、水深、水质情况进行测量检查，符合要求后才允许装机运行。井中含沙量不应大于 0.2%，否则将破坏泵组的密封，井径与井深应与泵组的型号相适应。

② 安装使用前应检查各零部件的装配是否良好，紧固件有没有松动，充水式电动机内腔是否已充满清水，充油式电动机是否已充满绝缘油，绝缘电阻不得低于 150 MΩ。

③ 安装使用前应先试验电动机转向，如转向与箭头指示方向不符，应调整转向。

④ 电缆线需放入输水管法兰盘的凹槽内，并用耐水绑绳将电缆固定在输出水管上。下井过程中要防止电缆擦伤，电缆绝对不能当吊绳使用。

⑤ 电泵在下井过程中如发现卡住现象，应吊起少许，轻轻转动卡板再试着下落，如果各种措施都不见效，应将电泵提出井外查明原因后再下井。

⑥ 输水管连接时，两法兰盘面之间应放入密封胶垫，待胶垫放正后再紧固螺栓，螺栓应按对角线方向逐步扭紧，防止法兰盘歪斜而漏水。

⑦ 应保证井用潜水泵的吸入口浸没在动水位以下至少 1 m，以免运行中出现不稳定现象。

⑧ 整个安装下井过程中应保证环境温度在 0℃ 以上，否则应采取保温措施，防止发生电动机或电缆冻坏等不良后果。

⑨ 电泵安装结束后，用兆欧表测量绝缘电阻，不得低于 150 MΩ。

⑩ 对于具有腐蚀作用的水质或紧固件长期使用容易产生疲劳而使泵体脱落的潜水电泵，应采取措施防止水泵体脱落堵塞井下通道而造成废井事故。

（2）井用潜水泵运行注意事项。

① 启动电泵时，首先关闭出水阀门，待运行正常后再慢慢打开，调整到需要的流量，同时观察压力和电流是否正常，电泵有无振动和异常噪声。如果上述一项出现异常，应排除故障后再进行工作。

② 要经常观察仪表。当电压低于 340 V，电流大于电机额定电流的 20%时，应立即停机检修。

③ 定期检查绝缘电阻。每周检查一次电机绝缘电阻，电机冷态绝缘电阻应大于 150 MΩ 热态绝缘电阻应大于 0.5 MΩ，否则应立即停机检修。

④ 电泵不宜频繁启动停止。当电泵停机后再启动时，必须待管路中的水回流后方可启动，一般间隔 5 min，否则有载启动将会使启动电流较大而损坏电机。

⑤ 防止漏电伤人。电泵运行中，为避免发生人身触电事故，除了必须装有漏电保护装置外，人员禁止在水泵的出口附近接触水源。

1.5.3 污水污物潜水电泵的安装、运行与维护

污水污物潜水电泵的安装形式有三种：自动耦合式安装、移动式安装和固定干式安装。

下面以自动耦合式安装为例叙述安装方法。如图 1-8 所示，泵与耦合装置相连，耦合底座固定于泵坑底部，泵可在轨道中上下移动，当泵放下时，耦合装置自动与耦合底座耦合，而提升泵时耦合底座自动脱离。

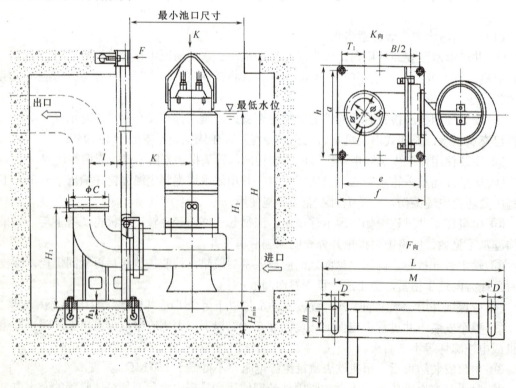

图 1-8 自动耦合式安装

（1）安装前的检查。

① 产品和附件是否与装箱单一致，运输过程中有无损坏。
② 有无漏油现象。
③ 叶轮转动是否灵活。
④ 快速接口的两滚轮转动是否灵活，调整滚轮上的螺钉，确保滚轮在轴上不脱落。
⑤ 导轨有无扭曲变形。
⑥ 各结合面的螺栓有无松动。
⑦ 电缆有无划伤、断裂和细孔。
⑧ 接地标志是否可靠、醒目。
（2）泵坑的检查。
① 池内无杂物、积水、池底应平整。
② 池底预埋螺栓的螺纹部分要露出足够长度；螺栓相对位置应符合安装尺寸要求，使导轨与池壁处于恰当位置；清除螺栓表面残渣。
（3）电缆槽的检查。
① 清除电缆槽内的杂物，电缆槽的走向应合理。
② 固定好电缆槽内的托架，配齐必要的软管，其长度要保证能满足从端子箱的进线口到电缆槽的出线口，动力线软管与信号线软管必须分开，电缆线托架或地埋管应采用 PVC 或镀锌管，信号电缆及动力电缆不得混穿，管子直径足够大，并注意进、出口不能有锐口，以防划伤电缆。
③ 检查电源装置是否安全、可靠，电压、频率应符合规定。
④ 水泵的转向：接通电源，在正常状态下，瞬时开动，叶轮转向应与箭头标志一致，否则应将电缆线中的两根对调，并做好标记。
（4）安装。
① 安装耦合装置时，先将耦合底座吊至安装位置，调整底座，垫实底面，保证耦合底座出水口平面水平，耦合面与地面垂直，将耦合底座用地脚螺栓拧紧。
② 安装导轨架：将导轨架吊至安装位置，下部与耦合底座固定，上部固定在横梁上，调整导轨至垂直位置。
③ 提起水泵，将快速接口的滚轮对准导轨，使滚轮顺着导轨滑下，耦合装置即自动与耦合底座耦合；提升水泵时，水泵自动与耦合底座脱离。
注意：
a. 水泵的吊链应挂在壁上，以便起吊时使用；
b. 将电缆线固定在吊链上，拉紧吊链，或用其他方法固定吊链及电缆，避免产生摩擦，从而保护电缆；
c. 电缆线不可用力拉动，更不可作起吊用，以防止电缆和密封的破坏。
（5）电气接线。
① 注意标牌上的参数，并将设备的额定电压及频率与电源电压及频率进行比较，在电压不同的情况下，不能开启电机。
② 电缆的外护套不能有任何损伤。
③ 监测水泵侧机械密封的油室内湿度传感器 YS 在正常情况下，用万用表检查，其阻值为无穷大。

④ 监测三相绕组的绕组温度传感器，为热敏开关时，引出线标记为 WC，在正常情况下，用万用表检查，其阻值为零，即电路为接通状态；为 PT100 时，其阻值为 110Ω 左右，其引出线标记为 WCA，WCB，WCC。

⑤ 监测电缆接线腔密封的浸水传感器 JS。在正常情况下，用万用表检查，其阻值为无穷大。

⑥ 监测轴承的轴温传感器，为热敏开关时，引出线标记为 WZ，在正常情况下，用万用表检查，其阻值为零，即电路为接通状态；使用 PT100 时，常温下其阻值为 110Ω 左右，其引出线标记：上轴温为 WZS，下轴温为 WZX。

⑦ 监测电动机机械密封的泄漏传感器 XL。在正常情况下，用万用表检查，其阻值为无穷大。

⑧ 水泵出线电缆标记为 U，V，W，有时每相出线有几根并联使用，请注意标记，要求 Y—△启动的引线电缆为 U_1，V_1、W_1 和 U_2，V_2、W_2，有一根细线为接地线。

⑨ YS、WC、JS、WZ、XL 均表示监控装置引出线电缆端标记，与电控柜标志对应连接，详见电气控制使用说明书。

⑩ 必须确保可靠接地，且接地电阻小于 4 Ω。

（6）维护保养。

① 运行前，必须检查水泵电动机定子绕组对机壳的绝缘电阻：电压为 660 V 及以下电机应不低于 50 MΩ，660 V 以上电机不低于 100 MΩ。

② 运行过程中，必须定期检查电动机的绝缘电阻，并检查接地情况，查看电缆表皮是否破裂等。

③ 叶轮与泵体之间设置的耐磨圈具有密封功能，叶轮与耐磨圈的间隙过大而造成流量下降时，应更换耐磨圈。

④ 水泵在规定的工作介质条件下正常运行半年后，应检查密封室密封情况，及观察密封室的油是否呈乳化状或有水沉淀，如有，应及时更换机械油和机械密封。

⑤ 水泵运行累计达 1 万小时，应对水泵进行一次返厂保养。

⑥ 更换机械密封件，更换油池中机械油。

⑦ 进行整机气压试验。

⑧ 进行其他机械传动设备和电气设备的保养。

⑨ 水泵长期（超过 3 个月）不用时，应将其从水中提出，不要长期浸泡在水中。当气温较低时，需将水泵提出，防止冰冻。

⑩ 备用泵在可能的情况下，应定期替换运行，以减少电机定子绕组受潮的机会。

1.6 农村电力排灌设备的常见故障及其排除方法

机组运行中可能会发生故障，但是一种故障的发生和发展往往是多种因素综合作用的结果。因此，在分析和判断一种故障时，不能孤立地、静止地就事论事，而应全面地、综合地分析，找出发生故障的原因，然后才能及时准确地排除故障。

1.6.1 离心泵、混流泵运行中常见的故障及排除方法

离心泵、混流泵的常见故障及排除方法见表1-9。

表1-9 离心泵、混流泵的常见故障及排除方法

故障现象	原因分析	排除方法
水泵不出水	（1）没有灌满水或空气未抽尽	（1）继续灌水或抽气
	（2）泵站的总扬程太高	（2）更换较高扬程的水泵
	（3）进水管路或填料函漏气严重	（3）填塞漏气部位，压紧或更换填料
	（4）水泵的旋转方向不对	（4）改变旋转方向
	（5）水泵转速太低	（5）提高水泵转速
	（6）底阀锈住，进水口或叶轮的槽道被堵塞	（6）修理底阀，清除杂物，进水口加做拦污栅
	（7）吸程太高	（7）降低水泵安装高程
	（8）叶轮严重损坏或密封环磨大	（8）更换叶轮、密封环
	（9）叶轮螺母或键脱出	（9）修理紧固
	（10）进水管安装不正确，造成管道中存有空气囊，影响进水	（10）改装进水管道，消除隆起部分
	（11）叶轮装反	（11）重装叶轮
水泵出水量不足	（1）进水管口淹没深度不够，泵内吸入空气	（1）增加淹没深度，或在水管周围水面处装一块木板，阻止空气进入水管
	（2）工作转速偏低	（2）调整动力机和水泵的传动比或皮带的松紧度
	（3）闸阀开得偏小或止回阀有杂物堵塞	（3）开大闸阀或清除杂物
	（4）进水管路或叶轮有水草杂物	（4）清除水草杂物
	（5）输水高程过高	（5）降低输水高度
	（6）减漏环及叶轮磨损太多	（6）更换减漏环及叶轮
	（7）功率不足	（7）加大配套动力
	（8）填料漏气	（8）旋紧压盖或更换填料
	（9）叶轮局部损坏	（9）更新或修复
	（10）吸水扬程过高	（10）调整吸水扬程
电动机超负荷	（1）配套电动机的功率偏小	（1）更换动力机
	（2）水泵转速过高	（2）降低水泵转速
	（3）泵轴弯曲、轴承磨损或损坏	（3）校正调直泵轴，修理或更换轴承
	（4）填料压得太紧	（4）放松填料压盖
	（5）流量太大	（5）减小流量
	（6）联轴器不同心或两联轴器之间间隙太小	（6）校正同心度，或调整两联轴器之间的间隙
	（7）运行操作错误：如关闸长时间运行，产生热膨胀，使密封环摩擦引起	（7）正确执行操作顺序，遇有故障立即停机
	（8）叶轮与泵壳卡住	（8）调整达到一定间隙
	（9）叶轮螺母松脱使叶轮与泵壳摩擦	（9）紧固螺母
运转时有噪声和振动	（1）水泵基础不稳固或地脚螺钉松动	（1）加固基础，旋紧螺钉
	（2）叶轮损坏、局部被堵塞或叶轮本身不平衡	（2）修理或更换叶轮，清除杂物或进行静平衡试验，加以调整
	（3）泵轴弯曲，轴承磨损或损坏	（3）校正调直泵轴，修理或更换轴承
	（4）联轴器不同心	（4）校正联轴器同心度
	（5）进水管口淹没深度不够，空气吸入泵	（5）增加淹没深度
	（6）产生汽蚀	（6）查明原因后再进行处理，如降低吸程、减少流量，或在进水管内注入少量空气等方法
	（7）进水管路漏气	（7）查明原因，使之不漏气

(续表)

故障现象	原因分析	排除方法
运转时有噪音和振动	(8) 叶轮及皮带轮或联轴器的并帽螺母松动 (9) 叶轮平衡性差 (10) 吸程太高	(8) 设法并紧，使之紧固 (9) 进行静平衡试验、调整 (10) 降低安装位置
轴承发热	(1) 润滑油量不足，漏油太多或加油过多 (2) 润滑油质量不好或不清洁 (3) 滑动轴承的油环可能折断，或卡住不转 (4) 皮带太紧，轴承受力不均 (5) 轴承装配不正确或间隙不适当 (6) 泵轴弯曲或联轴器不同心 (7) 叶轮上平衡孔堵塞，轴向推力增大，由摩擦引起发热 (8) 轴承损坏	(1) 加（减）油，修理 (2) 更换合格的润滑油，并用煤油或汽油清洗轴承 (3) 修理或更换油环 (4) 放松皮带 (5) 修理或调整 (6) 调直或校正同心度 (7) 清除平衡孔的堵塞物 (8) 修理更换轴承
填料函发热或漏水过多	(1) 填料压得太紧或过松 (2) 水封环位置不对 (3) 填料磨损太多或轴套磨损 (4) 填料质量太差或缠法不对 (5) 填料压盖与泵轴的配合公差过小，或因轴承损坏，运转时轴线不正造成泵轴与填料压盖摩擦发热	(1) 调整压盖的松紧度 (2) 调整水封环的位置，使其正好对准水封管口 (3) 更换填料或轴套 (4) 更换填料或重新缠填料 (5) 车大填料压盖内径，或调换轴承
水泵轴被卡死转不动	(1) 泵轴弯曲、叶轮和密封环之间间隙太大或不均匀 (2) 填料与泵轴干摩擦，发热膨胀或填料压盖上得太紧 (3) 轴承损坏被金属碎片卡住 (4) 安装不符合要求，使转动部分与固定部件失去间隙 (5) 转动部件锈死或被堵塞	(1) 校正泵轴，更换或修理密封环 (2) 泵壳内灌水，待冷却后再进行启动运行，或调整压盖螺钉的松紧度 (3) 调整轴承并清除碎片 (4) 重新装配 (5) 除锈或清除杂物
水泵在运行中突然停止出水	(1) 进水管路突然被杂物堵塞 (2) 叶轮被吸入杂物打坏 (3) 进水管口吸入大量空气	(1) 停机后，清除堵塞物 (2) 停机后更换叶轮 (3) 加深淹没深度

1.6.2 潜水泵的常见故障及排除方法

潜水泵的常见故障及排除方法见表1-10。

表1-10 潜水泵的常见故障及排除方法

故障现象	原因分析	排除方法
启动后不出水	(1) 叶轮卡住 (2) 电源电压过低 (3) 电源断电或缺相 (4) 电缆线断裂 (5) 插头损坏 (6) 电缆线压降过大 (7) 定子绕组损坏；电阻严重不平衡；其中一相或两相断路；对地绝缘电阻为零	(1) 清除杂物，然后用手盘动叶轮看其是否能够转动。若发现叶轮的端面与口环相磨擦，则须用垫片将叶轮垫高一点 (2) 停机后检查电源电压 (3) 逐级检查电源的保险丝和开关部分，发现并消除故障；检查三相温度继电器触点是否接通，并使之正常工作 (4) 查出断点并连接好电缆线 (5) 更换或修理插头 (6) 根据电缆线长度，选用合适的电缆规格，增大电缆的导电面积，减小电缆线压降 (7) 对定子绕组重新下线进行大修，最好按原来的设计数据进行重绕

（续表）

故障现象	原因分析	排除方法
出水量过少	（1）扬程过高 （2）过滤网阻塞 （3）叶轮流道部分堵塞 （4）叶轮转向不对 （5）叶轮或口环磨损 （6）潜水泵的淹没深度不够 （7）电源电压太低	（1）根据实际需要的扬程高度，选择泵的型号，或降低出水高度 （2）清除潜水泵格栅外围的水草等杂物 （3）拆开潜水泵的水泵部分，清除杂物 （4）将电源线的任意两根对调 （5）更换叶轮或口环 （6）加深潜水泵的淹没深度 （7）检查电源电压
电泵突然不转	（1）保护开关跳闸或保险丝烧断 （2）电源断电或缺相 （3）潜水泵的出线盒进水，连接线烧断 （4）定子绕组烧坏	（1）查明保护开关跳闸或保险丝烧断的具体原因，然后对症下药，予以调整和排除 （2）检查并接通电源 （3）打开线盒，接好断线包上绝缘胶带，消除出线盒漏水原因，按原样装配好 （4）对定子绕组重新下线进行大修。除及时更换或检定定子绕组外，还应根据具体情况找出产生故障的根本原因，消除故障
定子绕组烧坏	（1）接地线错接电源线 （2）缺相工作，此时电流比额定值大得多，绕组温升很高，时间长了会引起绝缘老化而损坏定子绕组 （3）机械密封损坏而漏水，降低定子绕组绝缘电阻而损坏绕组 （4）叶轮卡住，电泵处于堵转状态，此时电流为额定电流的6～7倍左右，如无开关保护，很快烧坏绕组 （5）定子绕组端部碰到潜水泵外壳 （6）潜水泵开、停过于频繁 （7）潜水泵脱水运转时间太长	（1）正确地将潜水泵电缆线中的接地线接在电网的接地线或临时接地线上 （2）及时查明原因，接上缺相的电源线，或更换电缆线 （3）经常检查潜水电泵的绝缘电阻情况，绝缘电阻下降时，及时采取措施维修 （4）采取措施防止杂物进入潜水泵卡住叶轮，注意检查潜水泵的机械损坏情况，避免叶轮由于某种机械损坏而卡住。同时，运行过程中一旦发现水泵突然不出水应立即关机检查，采取相应措施检修 （5）绕组重新嵌线时尽量处理好两端部，同时去除上、下盖内表面上存在的铁疙瘩，装配时避免绕组端部碰到外壳 （6）不要过于频繁地开、关电泵，避免潜水泵负载过重或承受不必要的冲击载荷，如有必要重新启动潜水泵则应等管路内的水回结束后再启动 （7）运行中应密切注意水位的下降情况，不能使电泵长时间（大于1 min）在空气中运转，避免潜水泵缺少散热和润滑条件

1.6.3 污水污物潜水电泵的常见故障及排除方法

污水污物潜水电泵的常见故障及排除方法见表1-11。

表1-11 污水污物潜水电泵的常见故障及排除方法

故障现象	原因分析	排除方法
流量不足或不出水	（1）阀门未打开到位 （2）转动方向是否反向 （3）管路、叶轮被堵 （4）耐磨圈磨损 （5）抽送液体密度大或黏度高 （6）叶轮脱落或损伤 （7）当多台泵并联运行时，没有安装单向阀，或单向阀密封不严	（1）检查阀门 （2）检查叶轮转向并调整 （3）清理管道及叶轮堵塞物 （4）更换 （5）改变介质条件 （6）紧固叶轮或更换 （7）检查或更换、增加单向阀

(续表)

故障现象	原因分析	排除方法
运行不稳定	（1）叶轮损坏	（1）更换
	（2）叶轮不平衡	（2）重新做动平衡
	（3）轴承损坏	（3）更换
	（4）泵内进入空气	（4）增加淹没深度
进水传感器发出信号	（1）电缆压盖未压紧	（1）压紧
	（2）电缆破损	（2）更换
轴温保护动作	（1）轴承缺油	（1）加油
	（2）轴承损坏	（2）更换
绝缘电阻偏低	（1）电缆前端头落入水中	（1）更换电缆、烘干电机
	（2）电缆线破损引起进水	（2）更换电缆、烘干电机
	（3）机械密封磨损或没装好	（3）更换机封、烘干电机
	（4）O形圈失效	（4）更换O形圈、烘干电机
	（5）堵头螺钉松动	（5）拧紧堵头、烘干电机
电流过大或超温保护动作	（1）工作电压过低	（1）检查电源电压是否在规定范围内
	（2）叶轮被堵	（2）清理叶轮内杂物
	（3）扬程、流量与额定点偏差较大	（3）调整流量
	（4）抽送液体的密度较大或黏度较高	（4）改变介质条件
	（5）轴承损坏	（5）更换
油水湿度传感器指示灯亮	水泵侧机械密封有故障	更换机封及机油
泄漏传感器动作	电机侧机封有故障	更换机封及机油

1.7 思考题与习题

1. 农村电力排灌设备的基本结构和分类是什么？
2. 水泵选型的基本原则是什么？
3. 水泵类型的选择方法是什么？
4. 水泵台数的选择方法是什么？
5. 水泵管路安装要点是什么？
6. 机组运行及维护方式是什么？
7. 农村电力排灌设备的常见故障及其排除方法是什么？

第 2 章 农业物联网

2.1 概述

物联网是继计算机、互联网与移动通信网之后的信息产业新方向。物联网(The Internet of Things)的概念于 1999 年提出,是将所有物品通过各种信息传感设备,如射频识别装置、基于光声电磁的传感器、3S 技术、激光扫描器等各类装置与互联网结合起来,实现数据采集、融合、处理,并通过操作终端,实现智能化识别和管理。

近几年开始将物联网应用到农业中,使农业物联网在智能化培育控制、农产品质量安全、农业信息监测等方面表现出独特的优势,农业物联网一般应用是将大量的传感器节点构成监控网络。

1. 农业物联网技术概述

所谓农业物联网,是指通过物联网技术实现农作物生长、农民生活、农产品生产流通等信息的获取,通过智能农业信息技术实现农业生产的基本要素与农作物栽培管理、禽畜饲养、施肥、植保以及农民教育相结合,以提升农业生产、管理、交易和物流等各环节智能化程度,为建立现代农业、发展农村经济、增加农民收入、完善基层农业技术推广和服务体系、提高农业综合生产能力、推进农村综合改革、提升农村行政服务效能以及推进社会主义新农村建设提供新一代技术支撑平台。既能改变粗放的农业经营管理方式,也能提高动植物疫情疫病防控能力,确保农产品质量安全,引领现代农业发展。

通过各种传感器采集信息,以帮助农民及时发现问题,并且准确地确定发生问题的位置,这样农业将逐渐地从以人力为中心、依赖于孤立机械的生产模式转向以信息和软件为中心的生产模式,从而大量使用各种自动化、智能化、远程控制的生产设备。

2. 农业物联网的应用范围及发展趋势

(1) 物联网在现代农业中的应用。

物联网在现代农业中的应用包括:农业资源管理、农业生态环境管理、生产过程管理、农产品与食品安全、农业装备与设施。

① 农业资源管理：农地整治重大工程监管；基本农田数量、等级、利用效率、环境质量网络化管理；农用水资源管理、生产资料；

② 农业生态环境管理：农田土壤、地表与地下水环境、大气、光热、气象、灾害；

③ 生产过程管理：农田精耕细作、设施农业、健康养殖；

④ 农产品与食品安全：产地环境、产品储存、物流运输、营销；

⑤ 农业装备与设施：服务作业调度、工况监控、远程诊断服务。

（2）农业物联网的发展趋势。

① 智能化。

高新技术不断融合于农业机械化领域，农业机械智能化已成为提升农业装备制造业竞争力的需要，能够最大限度地发挥土壤和作物的潜力，做到既满足作物生长发育的需要，又减少农业物资的投入，从而降低物资消耗、增加利润、保护生态环境，实现农业可持续发展。

② 节约型。资源的不足和环境的退化是人类面临的重大问题，也是我国建设现代化农业和促进农村经济可持续发展过程中不可忽视的问题。积极推进节约型农业机械化发展，能够实现节水、节油、节肥、节药、节种和节能的目标，同时减少对环境的污染，取得较大的社会、生态和经济效益。因此，农业机械化发展对于实现农业经济增长方式的根本性转变和促进社会经济可持续发展具有重要的战略意义。

③ 精准化。随着节约型、环保型现代农业发展理念的深入，精量及定位播种和育秧、精准定位施肥及精量施药等精准农艺生产需求的发展，对高科技精量化农机装备的需求日益增长，给农机产品配备精准农业系统已经成为世界农机发展的潮流。

④ 大型化。考虑到我国土地集中、规模加大、复式作业和节本增效等问题，农业机械化向大型发展的趋势显得尤为必要，这是因为大型农业机械具有作业质量好、效率高、均作业成本低和有利于进行联合作业等优势，农用动力继续大型化将是未来我国农机发展趋势之一。

（3）农业物联网的应用前景。

物联网技术对于农业应用来说不是噱头而是机遇，物联网科技的发展也必将深刻影响现代农业的未来。

① 与农机装备技术。物联网的关键技术之一就是在物中安装传感器和其他控制系统。将这一技术应用于农业机械上就可以实现让土地说话，通过及时收集和掌握作物生长的一些重要参数，如土壤湿度、土壤成分、pH值、降水量、温度、空气湿度、光照强度、气压和CO_2浓度等，可以摸索出植物生长对温度、湿度、光、土壤的需求规律，提供精准的科研实验数据。通过智能分析与智能控制，农业机械能及时作出决策，精确地满足植物生长对环境各项指标的要求，达到增产增收的目的，提高农业生产效率的效果。澳大利亚已经将物联网运用于农业机械，推出一种能识别莠草的喷雾器。这种喷雾器在田野移动时，能借助专门的电子传感器来识别莠草，发现莠草时才喷出除莠剂，从而大大节约了花费的除莠剂，减轻了对环境的污染。许多研究所和大学也成功利用传感器网络监测大田及温室土壤温湿度及建立节水灌溉系统，随时精确获取作物需水信息，为精量灌溉提供科学依据。

② 与农机4S体系的应用。农机4S体系是一种以整机销售（Sale）、零配件（Spare-part）、售后服务（Service）、信息反馈（Survey,）四位一体为核心的农机特许经营模式。对于这种新型的一条龙农机经营服务模式，物联网技术的应用可以在运输、销售、使用和回收等其他环节实现产品的定位追踪。改进农机销售商的库存管理，实现快速供货、适时补货，并最大限度地

减少储存成本，提高效率，减少出错。即使在农机作业过程中出现问题，也可以准确地定位，作出及时的补救，使损失尽可能降到最低。

③ 对气候信息的实时监测。农业是对气候条件依赖性很高且生产周期较长的产业，面对这些极端气候现象，必然会给脆弱的农业产业带来严重危害，直接威胁百姓的米袋子和菜篮子的安全。因此，快速反应、积极应对极端气候已成为农业农村面临的一项极其紧迫而艰巨的任务。利用物联网的感应器技术原理，可以在该领域实现信息的实时监测，提高农业对洪水和干旱等破坏性自然灾害的抵御能力，加强对农业的管理，降低气候灾害对农业社区的危害程度，同时建立农业机械化应急体系来帮助农民应对气候变化。如在农业的水利水位上安装水位测定感应器，可以实现对水位数据的识别、采集和处理。

④ 在农业应急体系中的应用。我国是世界上灾害频发的地区之一。灾害的突发性、难以预料性是超乎人类想象的。如果处理得不及时，就会严重影响农业生产和农村社会的稳定，因此提高农业机械应急工作能力刻不容缓。考虑将农业物联网技术与农业机械结合来构建农业机械化应急体系，一是可以对不同灾害的有关环境参数进行实时采集，集中信息资源，建立灾害预警模型库、告警信息指导模型库，为灾害事故的预测、预报和防止提供可靠的数据基础和技术支持，如在小型超低空飞行器底部支架上装备数码摄像机实时获取地面蝗虫图像，从而实现灾情预警；二是在一些极端环境下，可以迅速决策，调配农业机械，做到运转有序、避免混乱，保证所需农机装备在最短的时间内运送到灾区第一线，如一旦发现灾情，可以及时调用农业航空飞机及所需的农用机械救灾；三是这样有针对性地调用农业机械可以避免运输费用的浪费，降低抗灾救灾的成本，最大限度地减轻农业损失。

3. 农业物联网的管理

农业物联网作为推进产业信息化进程的重要战略，在实际发展中落实农业物联网于各个产业中的应用，农业物联网应用管理平台如图2-1所示。农业作为关系着国计民生的基础产业，其信息化、智慧化的程度则尤为重要。通过对物联网的跟踪研究及应用，将从物联网在智慧农业中提出新的应用模式与应用场景。

1）农业物联网对农业生态环境管理

农业生产是一个以自然生态系统为基础的人工生态系统，它远比自然生态系统结构简单，生物种类少，食物链短，自我调节能力较弱，易受自然气候、病虫害、杂草生长的影响。农业生产的不稳定性，很大程度上受自然环境的约束，因而应创造良好的农业生态环境，才能取得较佳的经济效益。良好的农业生态环境有赖于森林、草原、水域等生态系统的支持、保护和调节。农业生态系统就其生产力来说应当比自然生态系统更高，因此除太阳光照外，还必须加入辅助能，如农机、化肥、农药、排灌、收获、运输、加工等，通过人类的劳动和管理，只有不断地调整和优化生态系统的结构和功能，才能以较少的投入，得到最大的产出。通过集成大量科学合理的采用各传感器、视频设备、GIS 地理信息技术、GPS 定位技术、建设一个智能分析模型，实现农业生态环境信息化管理平台，能够在互联网及桌面电脑、智能手机等终端上进行系统访问与管理各个设备。

生态管理系统平台将前端各类传感器、后台综合分析管理平台进行科学集成，形成智能化的生态管理系统平台，前端各类传感器主要包含以下 3 类。

（1）电化学离子敏传感器：土壤 N、P、K，重金属含量快速检测等。

（2）生物传感器：快速检测、高致性细菌等。

（3）气敏传感器：农产品品质、气体污染、排放监测等。

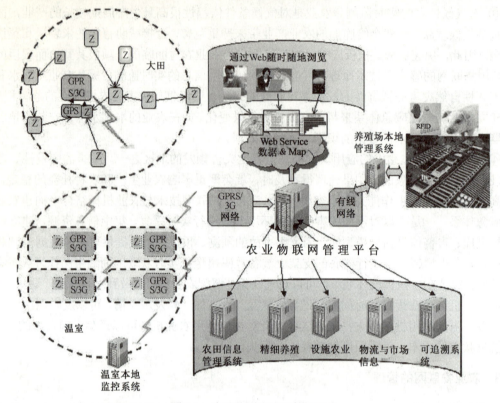

图 2-1　农业物联网应用管理平台

2）农业物联网对农业生产过程管理

农业生产过程管理的目标是利用物联网信息技术改善生产系统的工作效率、提高投入资源的附加值、减少不必要的浪费及资源损耗，从而满足客户需求。同时实施标准化的生产过程与管理，达到农业生产过程管理与提升农业生产竞争力的目标。

（1）标准化管理。组织标准化将每个成员的职责及工作调配加以标准化，使组织的运作在成员各司其职、分工协作下发挥团队的力量。物料标准化以减少资源浪费便于管理。作业标准化制定各项工作流程与注意事项。管理标准化建立各项管理指标，并以此作为评价实际作业的依据，了解实际运作的水平，并进行调整和控制。

（2）精耕细作管理。精耕细作在一定面积的土地上，投入较多的生产资料和劳动，采用先进的技术，进行细致的土地耕作，以提高单位面积产量。

（3）设施农业管理。设施农业是利用人工建造的设施，使传统农业逐步摆脱自然的束缚，走向现代工厂化农业生产的必由之路，同时也是农产品打破传统农业的季节性，实现农产品的反季节上市，进一步满足多元化、多层次消费需求的有效方法。设施农业在农林牧副渔业所占比重标志着农业的进化程度，是农业产业升级的重要标志。

（4）健康种植。采用科学的种植方法与管理，实现健康种植，提高农作物的品质与产量，为企业带来经济增加与效益。

技术实现方面，通过采用各传感器、视频设备、GIS 地理信息技术、GPS 定位技术、二维码技术，并建设一个智能分析模型，实现农业生产过程信息化管理平台，实现在互联网及桌面电脑、智能手机等终端上进行系统访问与管理各个设备。

3）控制危害与损失的农产品安全管理

农产品安全管理系统，主要功能是对农产品安全进行全程监控管理，为企业农产品安全提升到新的高度，从而向消费者提供安全、可靠、高质量的农产品。

（1）质量安全管理。农产品质量安全管理以农业企业档案数据为基础，围绕"生产、库存、销售"3 条主线，对农产品的生产环境、生产活动、销售状况实施电子化管理。

（2）物流运输安全管理。基于物联网物流运输管理是采用信息化、智能化、可视化等先进物联网技术特征。采用红外、激光、无线、编码、识别、定位、传感器、RFID 等高新技术，实现物流运输安全。

4）农产品供应链可追溯安全管理

为了使消费者充分了解农产品的种源情况、生产基地环境质量、生产操作过程、用料情况、加工销售过程等各个环节，结合目前先进的条码技术对农产品的流通进行编码，从而建立安全的农产品生产全程追溯管理。

通过一系列技术措施实现系统的安全管理。如质量安全管理。它采用各传感器、视频设备、GIS 地理信息技术、GPS 定位技术、二维码技术，并建设一个智能分析模型，实现农业质量安全管理平台，能够在互联网及桌面电脑、智能手机等终端上进行系统访问与管理各个设备。

5）农业物流运输安全管理

基于 GPS 卫星导航定位技术、RFID 技术、传感技术、GIS 等多种技术，在物流过程中实现实时车辆定位、运输物品监控，在线调度与配送可视化与管理，可实现与物流作业系统、生产信息、订单信息对接，从而实现自动化、智能化。

供应链可追溯系统采用二维码技术、RFID 技术、GIS 与 GPS 技术实现供应链可追溯平台，能够在互联网及桌面电脑、智能手机等终端上进行系统访问。

6）物联网技术加强农业装备与设施管理

随着设施农业快速发展和装备大量使用，各种农业等设施装备的问题日益突出，事故隐患增加。为进一步提升设施农业装备安全及生产水平，需要建设一套完善的农业装备管理系统来满足日益发展的需要。

设施装备是设施农业发展的基础条件。加强设施农业装备的维护管理，减轻气候剧烈变化对设施农业生产带来的不利影响，为确保农产品生产供应正常。该系统方案使用的主要技术手段是采用传感器、视频监控；并建立装备与设施信息库、状态库、调度服务库及智能分析平台。

农业物联网建设与应用是采用物联网技术、通信技术、传感技术的基础上，实现资源整合，形成技术体系并进行应用与推广。这对改变粗放的农业经营管理方式，提高动植物疫情疫病防控能力，确保农产品质量安全，提高农业生产智能化水平具有重要的现实意义。

4. 农业物联网的关键技术

农业物联网的关键技术主要是传感器网络技术、射频识别技术（身份识别技术）、通信技术、智能处理技术等。

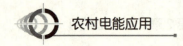

1）传感器网络技术

无线传感器网络是农业物联网中感知事物、传输数据的重要手段，可以构成农业物联网的重要的触角和神经。无线传感器网络是由部署在监测区域内大量的微型传感器节点组成，通过无线通信方式形成的一个多跳的自组织的网络系统，其目的是协作地感知、采集和处理网络覆盖区域中感知对象的信息，并发送给观察者。无线传感器网络在农业信息化领域中得到了广泛的应用，如精准农业、智能化专家管理系统、远程监测等方面。

基于无线传感器网络的精准农业控制系统可以实现环境的实时在线监测。系统由无线传感器网络、无线网关和监测中心三部分组成。分布在监测区域的传感器节点采集环境数据，数据包括土壤温度、湿度、大气气压、风速、作物生长情况等。传感器的类型可以根据需要监测的农田参数进行选择，如温湿度传感器、大气压力传感器、光照强度传感器等。传感器节点以 ZigBee 自组网方式构成传感器网络，并通过一跳或多跳的无线通信方式将数据发送至无线网关。无线网关接收传感器节点传送来的数据，通过其他外部的网络（Internet 或 GPRS）将数据传送到监测中心。监测中心负责对目标监测区域发出各项环境指标的查询请求命令，并对收集上来的数据进行分析处理，为农业专家决策并制定农田变量作业处方提供主要数据源和参数。

2）射频识别技术（身份识别技术）

农业物联网需要在感知层中对大量的物体进行个体标识，即身份识别技术。射频识别 RFID (Radio Frequency Identification) 标签技术已成为农业物联网中对物体感知识别的主要技术，并且通过与互联网、通信等技术相结合，可实现全球范围内物品跟踪与信息共享。

RFID 是一种非接触式的自动识别技术，它通过射频信号自动识别目标对象并获取相关数据，识别过程无须人工干预。RFID 系统由电子标签、读写器和中央信息系统三个部分组成，电子标签可分为依靠自带电池供电的有源电子标签和无自带电源的无源电子标签。当电子标签进入读写器发出的射频信号覆盖的范围内后，无源电子标签凭借感应电流所获得的能量发送存储在芯片中的产品信息，有源电子标签主动发送某一频率的信号来传递自身的产品信息。当读写器读取到信息并解码后，将信息送至中央信息系统进行数据处理。

RFID 技术在农产品质量安全监管中的应用越来越普及，在农产品质量安全追溯中的研究也取得了一定进展。RFID 技术在农产品可追溯系统的应用可深入农产品原料、产品加工、物流销售各方面。在农畜产品饲养环节上，RFID 技术可以用来标识动物、记录和控制瘟疫等，主要有项圈电子标签、纽扣式电子耳标、耳部注射式电子标签以及通过食道放置的瘤胃电子标签等方式来记录动物的信息。

3）通信技术

农业物联网中的通信技术根据其作用不同大致可以分为两类：一类为无线通信技术，即农业物联网中短距无线自组织网络内物与物之间的通信，如无线射频识别技术 RFID，WSN 中常用到的低功耗的近距离无线组网通信技术 ZigBee，此外还有 UWB、Wi-Fi、WiMax、Bluetooth、6LoWPAN 等技术；另一类为从无线通信到传统电信网络或互联网的网络接入技术，包括 GSM、TD-SCDMA 等蜂窝网络，WLAN、WPAN 等专用无线网络，Internet 等各种网络，农业物联网的网络接入是通过网关来完成的。农业物联网中的无线通信技术将继续致力于满足微型化、低功耗、高可靠性的要求，如低功耗射频芯片、片上天线、毫米波芯片的研究也将成为热点。

4）智能处理技术

针对农业物联网感知层收集的海量数据，处理层将对这些数据和信息进行分析和处理，云计算的"云端"就在处理层,主要通过数据中心来提供服务对物体实施智能化的控制。云计算是一种新兴的计算模式,是将大量用网络连接的计算资源统一管理和调度,构成一个计算资源池向用户按需服务。云计算主要采用数据挖掘、模式识别、搜索引擎、数据分析、人工智能等技术,向物联网提供大容量、高性能的决策判断和处理控制等功能。

5. 农业物联网关键技术发展趋势

农业物联网关键技术发展趋势见表 2-1。

表 2-1 农业物联网关键技术发展趋势

关 键 技 术	2010~2015 年	2015~2020 年	2020 年以后
身份识别技术	统一 RFID 国际化标准 RFID 器件低成本化 身份识别传感器开发	发展先进动物身份识别技术 高可靠性身份识别	发展动物 DNA 识别技术
物联网架构技术	发展物联网基本架构技术 广域网与广域网架构技术 多物联网协同工作技术	高可靠性物联网架构 自适应物联网架构	认知型物联网架构 经验型物联网架构
通信技术	RFID、UWB、Wi-Fi、WiMax、Bluetooth、ZigBee、RuBee、ISA100、6LoWPAN	低功耗射频芯片 片上天线 毫米波芯片	宽频通信技术 宽频通信标准
传感器技术	生物传感器 低功耗传感器 工业传感器的农业的应用	农业传感器小型化 农业传感器可靠性技术	微型化农业传感器
搜索引擎技术	发展分布式引擎架构 基于语义学的搜索引擎	搜索与身份识别关联技术	认知型搜索引擎 自治型搜索引擎
信息安全技术	发展 RFID 安全机制 发展 WSN 安全机制	物联网的安全型与隐私性评估系统	自适应的安全系统开发以及相应协议制订
信号处理技术	大型开源信号处理算法库实时信号处理技术	物与物协作算法 分布式智能系统	隐匿性物联网认知优化算法
电源与能量存储技术	超薄电池 实时能源获取技术 无线电源初步应用	生物能源获取技术 能源循环与再利用 无线电源推广	生物能电池 纳米电池

2.2 农业物联网的体系结构

根据国内农业物联网专家的分析,农业物联网系统可划分为三个层次:感知层、传输层、应用层,并依此概括地描绘物联网的系统架构如图 2-2 所示。

1. 感知层

在图 2-3 中,感知层是由各种传感器、M2M 以及传感器网关构成。该层被认为是农业物联网的核心层,主要是物品标识和信息的智能采集,它由基本的感应器件(例如 RFID 标签和读写器、各类传感器、摄像头、GPS、二维码标签和识读器等基本标识和传感器件组成)以及感应器组成的网络(例如 RFID 网络、传感器网络等)两大部分组成。该层的核心技术包括射频技术、新兴传感技术、无线网络组网技术、现场总线控制技术(FCS)等,涉及的核心产品包括传感器、电子标签、传感器节点、无线路由器、无线网关等。

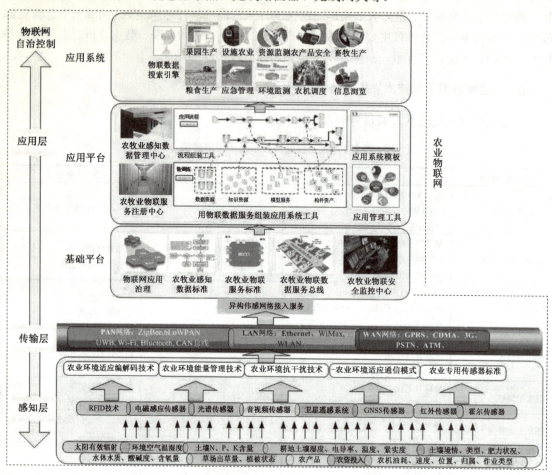

图 2-2 智能农业物联网系统的三层结构图

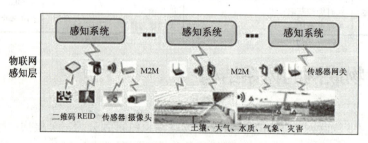

图 2-3 农业物联网感知层结构示意图

2. 传输层

传输层也被称为网络层,是将感知层所获得的数据在一定范围内,通常是长距离的传输,主要完成接入和传输功能,是进行信息交换、传递的数据通路,包括接入网与传输网两种。传输网由公网与专网组成,图 2-4 是农业物联网传输层示意图,典型传输网络包括电信网(固网、移动网)、广电网、互联网、电力通信网、专用网(数字集群)。接入网包括光纤接入、无线接入、以太网接入、卫星接入等各类接入方式，实现底层的传感器网络、RFID 网络的最后 1 千米的接入。

图 2-4　农业物联网传输层示意图

3. 应用层

应用层也称为处理层，是解决信息处理和人机界面的问题。从网络层传输而来的数据在这一层里进入各类信息系统进行处理，并通过各种设备与人进行交互。处理层由业务支撑平台（中间件平台）、网络管理平台（例如 M2M 管理平台）、信息处理平台、信息安全平台、服务支撑平台等组成，完成协同、管理、计算、存储、分析、挖掘，以及提供面向行业和大众用户的服务等功能，典型技术包括中间件技术、虚拟技术、高可信技术、云计算服务模式、SOA 系统架构方法等先进技术和服务模式可被广泛采用，参见图 2-2。

农业物联网在各层之间，信息不是单向传递的，可有交互、控制等，所传递的信息多种多样，包括在特定应用系统范围内能唯一标识物品的识别码和物品的静态与动态信息。

农业物联网应该具备三个特征，一是全面感知，即利用 RFID、传感器、二维码等随时随地获取物体的信息；二是可靠传递，通过各种电信网络与互联网的融合，将物体的信息实时准确地传递出去；三是智能处理，利用云计算、模糊识别等各种智能计算技术，对海量数据和信息进行分析和处理，对物体实施农业智能化的控制。

2.3　农业物联网应用系统的硬软件

农业环境是一个复杂的生态系统，包含土壤、肥料、水分、光照、温度、空气、生物等因子，对农田基础信息的获取和表达，不仅要针对直接相关因素进行分析，也要对关联度大但为隐性的间接因素进行分析，由此现场数据获得的快速、准确是最基本的要求。

1. 农业物联网采集信息的种类

农业无线传感器网络所采集的信息主要是通过如下各种硬件获取。

（1）农业传感信息。如温度、湿度、压力、气体浓度、生命体征等设备。

（2）农业物品属性信息。如物品名称、型号、特性、价格等。

（3）农业工作状态信息。如仪器、设备的工作参数等。

（4）农业地理位置信息。如物品所处的地理位置等。

无线传感器数据采集器装有预留端子，可根据需要外接土壤温湿度、光照等多种传感器。无线开关控制器可与原有电控系统并联，可用于控制卷膜机、卷帘机、风机、灌溉装置等网关在系统中处于核心地位，所有传感器采集的数据都要汇集到网关中，所有对终端的控制指令也都要通过网关向下发送。网关内置了强大的操作系统，可对网络和数据进行维护和储存。PC通过网线或局域网直接登录网关后，可进行系统设置、采集网络管理、查看数据、绘制图表、导出数据等操作。网关同时具备远传能力，通过局域网或3G将所有的配置数据和采集数据一并传到网络服务器上，此种模式支持多用户同时登录网络服务器对网关的数据进行查看。

2. 农业物联网采集信息的特点

智能温室系统是一种结合了计算机自控技术、智能传感技术等高科技手段的资源节约型高效设施农业技术，能够提供全天候、无人看守、免维护且不依赖电源的无线温湿度采集服务。它主要是根据环境的温度、湿度、二氧化碳含量、光照、雨量以及土壤状况等因素，来控制温室内的各项指标和各种营养元素配方，以创造出适合作物生长的最佳环境。很显然如何能够准确、稳定、方便地得到这些环境信息就成为整套系统的关键。

目前基于传感器的农田现场数据信息采集包含有线和无线两种模式，有线模式以CAN总线通信方式和基于掌上电脑的通信方式为主要形式，无线通信模式又可以分为长距离无线通信（GSM/GPRS等）和短距离通信（蓝牙/ZigBee等），无线通信模式由于其自身组网方便、适应性强、成本低等特点，在农业生产现场数据采集方面有非常大的发展应用空间。无线传感器网络可以实现长距离无线通信和短距离无线通信模式的无缝连接，实现农业生产现场数据信息的远程自动采集，将被测对象的各种参量通过各种传感元件做适当转换后，再经信号调理、采样、量化、编码、传输等步骤，最后送到控制器进行数据处理或存储记录的过程。

3. 农业物联网农田数据采集中需要解决的问题

农业生产过程中面临许多挑战，比如气候的变化、水资源短缺、环境污染等。生产过程中依靠经验、目测等传统方法来做决定显然是不科学的，依靠现代化的设备和通信进行农业生产是必然趋势，即精细农业。目前精细农业生产主要是基于3S技术（GPS、GIS、RS）。利用RS作宏观控制，GPS精确定位地面位点到米级以内，GIS将地面信息（地形地貌、作物种类和长势、土壤质地和养分水分状况等）进行存储、处理和输出，再与地面的信息转换、实时控制、地面导航等系统相配合，按区内要素的空间变量数据精确设定最佳耕作、施肥、播种、灌溉、喷药等多种农事操作。将操作单元缩小到平方米，使传统的粗放生产变为精细农作，从而可以显著提高水、肥、农药的利用效率，以最经济的投入获得最佳产出及减少对环境的污染。

田间数据的实时采集、传输与处理是实施精准农业的关键环节。无线传感器网络通过临时组网的方式在恶劣环境中支持移动节点之间的数据、语音、图像和图形等业务的无线传输，该技术可以广泛应用在农业现场数据信息采集、农业生产设备的智能化控制等各个生产环节，对今后现代农业的发展将起到重要的支撑作用，具有重要的社会和经济意义。

4. 智能农业无线传感器网络

近十年来，随着智能农业、精准农业的发展，使在通信网络、智能感知芯片、移动嵌入式系统等技术在农业中的应用逐步成为研究的热点。

1）农用传感器网络的应用

在传统农业中，人们获取农田信息的方式都很有限，主要是通过人工测量，获取过程需要消耗大量的人力，而通过使用无线传感器网络可以有效降低人力消耗和对农田环境的影响，获取精确的作物环境和作物信息。

目前无线技术在农业中的应用比较广泛，但大都是具有基站星形拓扑结构的应用，并不是真正意义上的无线传感器网络。农业一般应用是将大量的传感器节点构成监控网络，通过各种传感器采集信息，以帮助农民及时发现问题，并且准确地确定发生问题的位置，这样农业将有可能逐渐地从以人力为中心、依赖于孤立机械的生产模式转向以信息和软件为中心的生产模式，从而大量使用各种自动化、智能化、远程控制的生产设备。

① 在温室环境信息采集和控制中的应用。

在温室环境里单个温室即可成为无线传感器网络一个测量控制区，采用不同的传感器节点和具有简单执行机构的节点（风机、低压电动机、阀门等工作电流偏低的执行机构）构成无线网络来测量土壤湿度、土壤成分、pH值、降水量、温度、空气湿度和气压、光照强度、CO浓度等来获得作物生长的最佳条件，同时将生物信息获取方法应用于无线传感器节点，为温室精准调控提供科学依据。最终使温室中传感器、执行机构标准化、数据化，利用网关实现控制装置的网络化，从而达到现场组网方便、增加作物产量、改善品质、调节生长周期、提高经济效益的目的。

② 在节水灌溉上的应用。

无线传感器网络自动灌溉系统利用传感器感应土壤的水分，并在设定条件下与接收器通信，控制灌溉系统的阀门打开、关闭，从而达到自动节水灌溉的目的。由于传感器网络多跳路由、信息互递、自组网络及网络通信时间同步等特点，使灌区面积、节点数量不受到限制，可以灵活增减轮灌组，加上节点具有的土壤、植物、气象等测量采集装置、通信I网关的Internet功能与RS和GPS技术结合的灌区动态管理信息采集分析技术、作物需水信息采集与精量控制灌溉技术、专家系统技术等构建高效、低能耗、低投入、多功能的农业节水灌溉平台。可在温室、庭院花园绿地、高速公路中央隔离带、农田井用灌溉区等区域，实现农业与生态节水技术的定量化、规范化、模式化、集成化，促进节水农业的快速和健康发展。

③ 环境信息和动植物信息监测应用。

通过布置多层次的无线传感器网络检测系统，对牲畜家禽、水产养殖、稀有动物的生活习性、环境、生理状况及种群复杂度进行观测研究，也可用于对森林环境监测和火灾报警（平时节点被随机密布在森林之中，平常状态下定期报告环境数据，当发生火灾时，节点通过协同合作会在很短的时间内将火源的具体地址、火势大小等信息传送给相关部门）。同时也可以应用在精准农业中，来监测农作物中的害虫、土壤的酸碱度和施肥状况等。

④ 潜在的应用。

国家数字农业重大科技专项实现了农田信息采集技术的突破，推出了一批成本低、高性能的土壤水分和作物营养信息采集技术产品，基本解决了数字农业信息快速获取技术瓶颈问题。开展了农田水分、养分、作物长势、冠层生理与生态因子、品质、产量和虫害草害等信息采集关键技术研究，开发了具有自主知识产权的新型土壤水分传感器，研制了土壤和作物养分信息快速采集方法与新型配套仪器设备；在虫害与杂草动态监测系统的研究方面取得了重大进展，开发了基于称重传感器的高精度智能测产系统，解决了智能测产与谷物品质监测系统的精度难题；使我国农业信息快速获取迈出了新的步伐。

a. 现代化温室和工厂一体化栽培调节和控制环境（控制温度、湿度、光照、喷灌量、通风等）培育各种秧苗，栽培各种果蔬和作物。在这个过程中，需要温度传感器、湿度传感器、

pH 值传感器、光传感器、离子传感器、生物传感器、CO_2 传感器等检测环境中的温度、相对湿度、pH 值、光照强度、土壤养分、CO_2 浓度等物理量参数，通过各种仪器仪表实时显示或作为自动控制的参变量参与到自动控制中，保证农作物有一个良好的、适宜的生长环境。

b. 在果蔬和粮食的储藏中，温度传感器发挥着巨大的作用，制冷机根据冷库内温度传感器的实时参数值实施自动控制并且保持该温度的相对稳定。气调库相比冷藏库是更为先进的储藏保鲜方法，除了温度之外，气调库内的相对湿度（RH）、O_2 浓度、CO_2 浓度、C_2H_4（乙烯）浓度等均有相应的控制指标。控制系统采集气调库内的温度传感器、湿度传感器、O_2 浓度传感器、CO_2 浓度传感器等物理量参数，通过各种仪器仪表适时显示或作为自动控制的参变量参与到自动控制中，保证有一个适宜的储藏保鲜环境，达到最佳的保鲜效果。

c. 在作物的生长过程中还可以利用形状传感器、颜色传感器、重量传感器等来监测物的外形、颜色、大小等，用来确定物的成熟程度，以便适时采摘和收获；可以利用 CO_2 传感器进行植物生长的人工环境的监控，以促进光合作用的进行。例如，塑料大棚蔬菜种植环境的监测等；可以利用超声波传感器、音量和音频传感器等进行灭鼠、灭虫等；可以利用流量传感器及计算机系统自动控制农田水利灌溉。

d. 生物技术、遗传工程等都成为良种培育的重要技术，在这其中生物传感器发挥了重要的作用。农业科学家通过生物传感器操纵种子的遗传基因，在玉米种子里找到了防止脱水的基因，培育出了优良的玉米种子。此外，监测育种环境还需要温度传感器、湿度传感器、光传感器等；测量土壤状况需用水分传感器、吸力传感器、氢离子传感器、温度传感器等；测量氮磷、钾各种养分需要用各种离子敏传感器。

e. 在动物饲养中也有传感器应用，如有可用来测定畜、禽肉鲜度的传感器。它可以高精度地测定出鸡、鱼、肉等食品变质时发出的臭味成分二甲基胺（DMA）的浓度，其测量的最小浓度可以达到 1 ppm，利用这种传感器可以准确地掌握肉类的鲜度，防止腐败变质。也有用来检测鸡蛋质量的传感器。

f. 在农田、果园等大规模生产方面，如何把农业小环境的温度、湿度、光照、降雨量等，土壤的有机质含量、温湿度、重金属含量、pH 值等，以及植物生长特征等信息进行实时获取传输并利用，对于科学施肥、灌溉作业来说具有非常重要的意义。

g. 在生鲜农产品流通方面，需要对储运环境的温度和农产品的水分进行控制，环境温度过高可能会发生大批农产品的腐烂，水分不足品质会受到影响，在这个环节要借助物联网的帮助。

h. 还有一类具有典型意义的应用是工厂化健康养殖作业，需要通过物联网技术实现禽畜、水产养殖环境的动态监测与控制。

2）智能农业无线监控系统

农业无线传感器网络集传感器技术、微机电系统（MEMS）技术、无线通信技术、嵌入式计算技术和分布式信息处理技术于一体，是当今世界多学科高度交叉的热点研究领域。

（1）系统简介。

农业无线传感器网络是一种无中心节点的全分布系统。通过随机投放的方式，众多传感器节点被密集部署于监控区域。这些传感器节点集成有传感器、数据处理单元、通信模块和能源单元，它们通过无线信道相连，自组织地构成网络系统。其目的是协作地感知、采集和处理网络覆盖区域中被监测对象的信息并发送给观察者。

智能农业无线监控系统是一种结合了计算机自控技术、智能传感技术等高科技手段的资源节约型高效设施农业技术，它主要是根据环境的温度、湿度、CO_2 含量、光合有效辐射以及土壤状况等因素，来控制温室内的各项指标，以创造出适合作物生长的最佳环境。很显然，如何能够准确、稳定、方便地得到这些环境信息就成为整套系统的关键。随着近几年短距离无线通信的发展，新兴的无线传感网技术为智能温室系统中的传感环节提供了有力的技术保障。

智能农业无线监控系统，结合了多种农业生产的需求，能够提供全天候、无人看守、免维护且不依赖电源的无线监控服务。

（2）系统架构。

智能农业无线监控的整套系统由无线数据采集器、无线开关控制器、无线数据网关（可多个）、PC 和网络服务器（可选）组成。网关与采集器和控制器采用传感网技术进行无线连接，每个网关下面可同时连接上许多个终端设备，且所有终端自动组网，同步工作。网关与 PC 或网络服务器则通过以太网或移动通信网络连接。网关在系统中处于核心地位，所有传感器采集的数据都要汇集到网关中，所有对终端的控制指令也都要通过网关向下发送。网关内置了强大的操作系统，可对网络和数据进行维护和储存。PC 通过网线或局域网直接登录网关后，可进行系统设置、采集网络管理、查看数据、绘制图表、导出数据等操作。网关同时具备远传能力，通过局域网或 3G 将所有的配置数据和采集数据一并传到网络服务器上，此种模式支持多用户同时登录网络服务器对网关的数据进行查看。

（3）智能农业无线监控系统功能。

无线数据网关和网络服务器都提供了功能强大且界面友好的软件。用户根据不同操作权限登录网关或网络服务器后，可进行系统设置、采集网络管理、查看数据、绘制图表、导出数据等操作；其系统功能如下。

① 系统监控的技术架构。

所有用户登录后都可对传感网内所有在网传感器的实时数据进行查看，并支持分类查看和检索的功能，针对选定的节点，系统可绘制曲线，方便用户研究数据短期趋势变化。在查看历史数据方面软件也提供了很好的筛选功能，方便用户准确地掌握传感器数值变化，并可以用绘制曲线的方式进行趋势的研究，智能农业无线系统监控示意图如图 2-5 所示。

② 监控系统的特点。

智能农业无线监控系统的特点如下。

a．系统一般都采用"3G+无线传感器"的全无线架构，无须布线施工，维护成本低。

b．无线传感器网络技术应符合国际准和 CWPAN 国家标准，绿色、环保、无辐射。

c．传感网具有全网同步的超低功耗特性，节能的传感器节点使用普通电池供电可工作 1 年以上。

d．网络自动负载均衡，网络内所有无线节点功耗可评估，且功耗相仿。

e．自动组网、自维护、网络连接可视、全天候稳定运行，无须人工干涉。

f．所有的无线采集器安装简便，即插即用，可以任意改变安装位置，不受线缆的束缚。

g．良好的网络扩展能力，随意增加和减少采集终端数量，同一网络中可支持几百个采集器和控制器。

h．跳频和加密认证机制，系统安全可靠运行。

i．管理方式多样，用户可通过直接访问网关或网络服务器对所有的监控进行管理。

j. 管理软件，可以做数据的记录、及时分析、系统稳定。无线传感网独立工作，无须缴纳任何费用，多采集器数据统一通过一个网关发送，节省 3G 流量费。

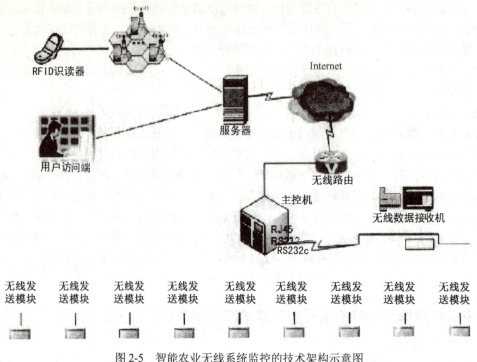

图 2-5　智能农业无线系统监控的技术架构示意图

③ 设备管理。

用户可对无线传感网内的所有节点的认证、组网、拓扑结构和个性化信息进行管理。这一部分是网关的核心，也是整套无线监控系统的核心，只有所有的无线采集器和控制器正常组网后，数据上传和控制操作才能实现。

④ 报警管理。

在报警管理模块中，用户可以单独对某个采集器或批量对同类型的采集器进行报警的设置，内容包括数值上下限、是否开启报警功能、发送报警短信的手机号码以及报警的电子邮件地址。当有传感器超过预设的限定值时，在监控界面上会以红色对该节点进行标示，同时按照预设的报警方式进行报警，软件会对所有的报警进行记录，方便用户查看。

⑤ 数据维护。

软件提供数据维护的功能，其中包括所有传感器数据的导出备份，网关设置的导入导出，网络配置的导入导出等。

⑥ 控制管理。

软件支持手动和自动两种方式对开关控制器进行控制。手动模式下，用户可通过界面上的按钮对如卷膜机、卷帘机、风机等设备进行开关控制。在自动模式下，系统将按照用户预先设定的策略对所有的设备进行控制。用户可以根据需求自己定义组合条件的控制策略。

⑦ 系统设置。

在系统设置模块中，用户可对网关工作模式进行设定，决定网关是否要与公网服务器进行通信和数据上传。另外用户可在此模块中，对诸如网关的局域网 IP 地址、动态域名解析、Wi-Fi

等与网络连接有关的参数进行配置。

5. 射频识别（RFID）技术在粮食收购中的应用

1）射频识别（RFID）系统组成

RFID 是 Radio Frequency Identification 的缩写，RFID 系统一般由电子标签、读写器和中央信息系统三个基本部分组成，其组成如图 2-6 所示。

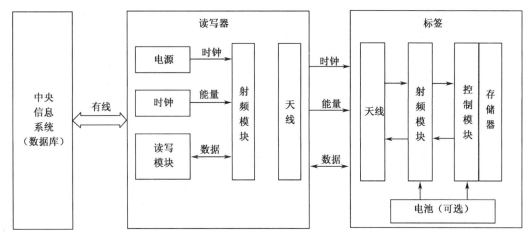

图 2-6 射频识别（RFID）系统组成

电子标签：由耦合天线及芯片构成，每个标签具有唯一的电子产品代码（EPC），并附着在被标识的物体或对象上。

读写器（又称阅读器）：读取或擦写标签信息的设备，可外接天线，用于发送和接收射频信号。

中央信息系统（或简称数据库）：包括了中间件、信息处理系统、数据库等，用以对读写器读取的标签信息进行处理，其功能涉及具体的系统应用，如实现信息加密或安全认证等。

（1）电子标签。

电子标签也称为射频标签、射频卡或应答器，是射频识别系统中存储数据和信息的电子装置，由耦合元件（天线）及芯片（包括控制模块和存储单元）组成，每个标签由唯一的电子标示码确定，附着在被标识的对象上，存储被识别对象的相关信息，其外形多种多样，有卡、纽扣、标签等多种样式。标签的分类主要有：

① 按供电方式分。

按供电方式分为有源标签和无源标签。有源标签有内置电池供电，通常具有较远的通信距离，但寿命有限（取决于电池的供电时间）、体积较大、价格相对较高，且不适合在恶劣环境中工作，主要应用于对贵重物品远距离检测等场合。无源标签不带电池，其所需能量由读写器所产生的电磁波提供，价格相对便宜，但其工作距离、存储容量等受到能量来源及生产成本限制，一般用于低端的 RFID 系统。

② 按载波频率分。

按载波频率分为低频（工作频率为 125～134 kHz）标签、中频（工作频率为 13.56 MHz）标签和高频（工作频率为 860～960 MHz）标签。低频标签的频率主要有 125 kHz 和 134.2 kHz

两种，中频标签频率主要为 13.56 MHz，高频标签主要为 433 MHz、915 MHz、2.45 GHz 和 5.8 GHz 等多种。低频标签主要用于短距离、低成本的应用中，它可以在油渍灰尘等恶劣的环境中使用，在校园卡、动物监管、货物跟踪等场合应用广泛。中频标签用于门禁控制系统和需传送大量数据的应用场合。高频标签应用于需要较长的读写距离和高速识别的场合，其天线波束方向较窄且价格较高，在火车监控、高速公路收费等系统中应用较为广泛。

③ 按调制方式分。

按调制方式的不同可分为主动式标签和被动式标签。主动式标签用自身的射频能量主动地发送数据给读写器，标签自身因带有独立的电源，主要用于有障碍物或传输距离要求较高的应用中；被动式标签使用调制散射方式发射数据，它必须利用读写器的载波来调制自己的信号，该类标签适合在门禁或交通系统中应用，由于读写器与标签的作用距离较短，读写器可以确保只激活一定范围和区域内的标签。

④ 按作用距离分。

按作用距离可分为密耦合标签、遥耦合标签和远距离标签。密耦合系统是具有很小作用距离的 RFID 系统，典型的范围是 0~1 cm，这种系统必须把标签插入读写器中或紧贴读写器，或者放置在读写器为此设定的表面上。遥耦合系统把读和写的作用距离增至 1 cm~1 m，在这种系统中读写器和标签之间通信是通过电感（磁）耦合。远距离系统典型的作用距离是 1~10 m，这种系统是在微波波段内以电磁波方式工作，工作的频率较高，一般包括 915 MHz、2.45 GHz、5.7 GHz 和 24.125 GHz。

⑤ 按标签的读写功能分。

根据标签的读写功能来划分，可将 RFID 标签分为三种：只读标签、一次写入多次读标签和可读写标签。只读型标签的结构功能最简单，出厂时已被写入，包含的信息较少，识别过程中数据或信息只可读出不能被更改，标签内部一般包含只读存储器 ROM 和随机存储器 RAM；一次写多次读标签是用户可以一次性写入数据的标签，写入后数据不变，存储器由可编程只读存储器 PROM 和可编程阵列逻辑 PAL 组成；可重写型标签集成了容量为几十字节到几千字节的存储器，一般为可编程只读存储器 EEPROM，标签内的信息可被读写器读取、更改或重写，因此生产成本较高，价格较贵。

⑥ 按分装形式的不同标签划分。

依据分装形式的不同标签又可以分为信用卡标签、线形标签、纸状标签、玻璃管标签、圆形标签以及特殊用途的异形标签等。标签的应用将给零售和物流产业带来革命性变化。标签应便于进行大规模生产，并能做到日常免维护使用。考虑到标签内天线的阻抗问题、辐射模式、局部结构、作用距离等因素的影响，为了以最大功率传输信号，芯片的输入阻抗应当和天线的输出阻抗相匹配。一般标签中不应该使用全向天线，而应该使用方向性天线，使其具有更少的辐射模式和损耗干扰。

（2）读写器。

读写器是读取或擦写标签数据和信息的设备，也可称为阅读器，可外接天线，用于发送和接收射频信号，分为手持式（便携式）或固定式两种。读写器是负责读取或写入标签信息的设备，读写器可以是单独的整体，也可以作为部件的形式嵌入到其他系统中。读写可以单独具有读写、显示和数据处理等功能，也可与计算机或其他系统进行互联，完成对射频标签的相关操作。

读写器由两个基本的功能块组成：控制系统和由发送器及接收器组成的射频接口。射频接口的功能包括产生高频的发射功率、为无源标签提供能量、对发射信号进行调制、用于将数据传送给标签。读写器控制模块的功能包括：控制与标签的通信过程；与应用软件进行通信，并执行应用系统软件发来的指令；信号的编码与解码和加密与解密；在一些复杂的系统应用中，控制单元还要实现反碰撞算法和安全认证功能。读写器将要发送的信号，经编码后加载在特定频率的载波信号上经天线向外发送。进入读写器工作区域的标签接收此脉冲信号后，标签芯片中的有关电路对此信号进行解调、解码、解密，然后对命令请求、密码、权限等进行判断。若为读取命令，控制逻辑电路则从存储器中读取有关信息，经加密、编码后经标签内的天线发送给读写器，读写器对接收到的信号进行解调、解码、解密后送至数据库处理；若是修改信息的写入命令，有关控制逻辑引起的内部电荷泵提升工作电压，对标签中的数据进行改写。

读写器一般都包含天线或可外接天线以增大发射功率，一般 RFID 系统至少应包含一根天线（不管是内置还是外置）以发射和接收射频信号。有些 RFID 系统是由一根天线同时完成发射和接收任务；而另一些 RFID 系统则是由两根天线分别承担发送和接收任务，所采用天线的形式及数量应视具体应用而定。有些读写器还具备其他功能，如在 ETC（电子收费）应用中，就包含采集和处理车辆检测器、驱动道闸和交通灯等外围设备的输入、输出信息。读写器中的硬件部分还控制着读写器的工作，用户可以通过相关控制主机或本地终端发布命令以改变或订制读写器的工作模式以满足具体应用的需求。射频收发器产生射频信号及射频能量，激活并提供能量给被动式的无线射频标签。射频收发器可以集成封装于读写器内，也可以作为独立设备存在。当作为独立设备时，一般被称为射频模块，例如 CCl010、CC1100、NRF9E5 和 NRF2401 等射频模块已广泛地应用在各种 RFID 系统中。

（3）中央信息系统（数据库）。

中央信息系统包括了中间件、信息处理系统和数据库等，用以对读写器读取到标签信息和数据进行采集和处理。数据管理系统主要完成数据信息的存储管理以及对标签进行读写控制。数据管理系统一般是用于特定行业的高度专业化的数据库，对于比较特殊的应用领域，可以自己动手编写和开发相应的数据库软件并采用 PC 进行控制。

2）射频识别（RFID）技术在粮食收购中的应用实例

智能农业还包括智能粮库系统，该系统通过将粮库内温湿度变化的感知与计算机或手机的连接进行实时观察，记录现场情况以保证量粮库的温湿度平衡。在粮食收购检测中，经常会遇到许多问题，如粮食有机杂质增大、硬质率判定难度增大、样品的代表性差等。如果这些问题不能很好地解决，从宏观上来说，影响粮食的产需平衡和食用安全，从微观方面看，对以后的粮食存储带来很大的安全隐患。RFID 粮食收购系统是目前较为成熟的技术，国外应用已经非常广泛。

（1）系统工作原理。

为了更好地解决粮食收购过程中问题，应用 RFID 技术、计算机网络技术、数据库技术，科研工作者设计了一套完整的粮食收购系统是十分必要的，工作原理如图 2-7 所示。

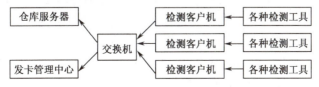

图 2-7 粮食收购系统工作原理图

首先粮农从发卡中心领取电子标签，而后到附近的检测站对粮食进行检测，并把检测的数据通过 RFID 读写器写入到电子标签中，同时把这些数据通过计算机网络传送到仓库服务器上的数据库中，以便以后与电子标签中的信息相比对。系统设计时可根据不同的情况，设置不同数目的收购检测站，以方便粮食的分散检测，提高粮食收购的质量；同时，也可为粮农和仓库管理人员提供便利，避免了粮农卖粮的拥挤现象。

（2）系统应用硬件。

RFID 粮食收购系统的主要硬件一般有仓库服务器、品牌电脑商用机、发卡服务器、RFID 读写器、交换机、容重检测仪、硬度检测仪、水分测试仪、粮食黏度检测仪等。

（3）系统应用软件设计。

为了使系统更好地发挥作用，需要设计与之配套的软件系统，软件使用 Java 语言设计，采用 C/S 架构，数据库采用 SQL Server。

系统软件包括采集、传输、读写、数据库、管理、打印、添加、删除等几个模块。系统软件设计的结构如图 2-8 所示，其流程如图 2-9 所示。

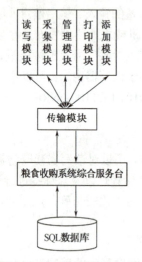

图 2-8　系统软件设计的结构

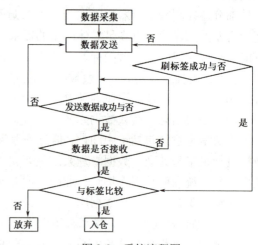

图 2-9　系统流程图

（4）RFID 技术在粮食收购中的实际应用。

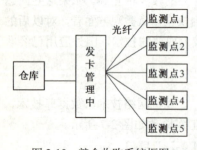

图 2-10　粮食收购系统框图

2009 年，9505 仓库在粮食收购中采用了这一系统，系统设置了 5 个检测站，如图 2-10 所示。粮农在交粮之前，先到发卡管理中心领取电子标签，然后到检测站进行容重、水分、硬度、黏度、质量等检测，把相应的数据以及粮农的身份信息等都读入到电子标签中，同时把这些信息通过客户机传送到仓库服务器中的 SQL Server 数据库中；当粮农到了仓库后，通过读卡器读取电子标签中的信息与传送的数据进行比较，如果相同并同时进行复检无误，则可以入仓，否则不准入仓。

系统经过实际应用之后，效果非常突出，不仅解决了以前收粮过程中的拥挤现象，而且也大大提高了粮食收购的质量，为粮食存储提供了安全保障。

2.4 农业物联网蔬菜温室大棚监控系统实例

蔬菜温室大棚监控系统是专为蔬菜种植温室研制的温湿度智能监控系统,能够自动监控室内温湿度。该系统结合了蔬菜栽培温室的特点,采用温湿度传感器,克服了传统模拟式温湿度传感器的不稳定、误差大、容易受干扰、需要定期校准等严重缺陷,仪器测量数据准确、精度高、运行稳定、质量可靠,在蔬菜温室大棚具有广阔的应用前景。

蔬菜大棚智能控制管理是通过光照、温度、湿度等无线传感器,对农作物温室内的温度,湿度信号以及光照、土壤温度、土壤含水量、CO_2 浓度等环境参数进行实时采集,自动开启或者关闭指定设备(如远程控制浇灌、开关卷帘等)。同时在温室现场布置摄像头等监控设备,实时采集视频信号。用户通过计算机或者 3G 手机,随时随地观察现场情况、查看现场温湿度等数据和控制智能调节指定设备。

在蔬菜温室里安放电子标签以及相应的读卡设备,标签会将采集到的温湿度信息,如蔬菜大棚里的温湿度等,通过无线方式不停地向外发送信息,这样安装在附近的读卡器就能接收到这些信息,并把将接收到的信息传到监控仓库的主机。如果温室先前的温湿度不利于蔬菜生长,主机就会按照使用人员指定的方式输出多种报警,来提醒大棚管理员作出相应的操作,从而实现农产品加工过程管理。

1. 系统架构设计

监测系统安装后,操作人员可根据传感器实时温湿度数据对温室内部采暖、通风等设备进行操作,有效解决了现代化智能连栋温室运行费用高,耗能大等缺点。监测系统还可根据蔬菜生长条件设置警报值,当温湿度异常时进行报警,提醒工作人员注意。系统具备防水防尘,可以长时间运行于温室等高湿高温环境,并采用无线传输技术,保证在温室大棚这样的多钢结构建筑中信号的稳定传输。

系统的总体架构分为传感信息采集、视频监控、智能分析和远程控制四部分,如图 2-11 所示。

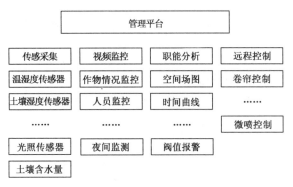

图 2-11 智能农业无线监控系统示意图

蔬菜大棚智能控制管理系统为全数字化方案,由每个温度探头输出的直接为可联网数字信号,技术架构如图 2-12 所示。

图 2-12 蔬菜大棚智能控制技术架构简图

（1）由于采用数字化温度传感器，按网络布线，方便、经济。整个布线理论上来说只要一条传感器总线，不需要一一对应的传感器导线，而且温度传感器都是高精度数字化传感器。

（2）每个探头输出的直接为可联网数字信号，信号传输过程的衰减不会影响系统精度，且传输距离长，每个出线口"一线总线"可接多个温度探头的距离可达数百米，由此减少了系统的电缆数，提高了系统的稳定性和抗干扰性，这是传统温度巡检仪不能做到的，因为传统巡检仪传输的是模拟信号，它的有效传输精度随着距离加大而衰减降低。

（3）采集模块自动识别传感器类型、数量，配置和扩展方便，可以根据现场安装条件，适当选择模块的安装位置及使用模块的数量，以便降低成本。

（4）显示报警模块。为农产品或水产行业加工存储环境温度监测设计，具有现场显示、超限报警的功能，同时可以连接品质保证部门的计算机，进行实时检测记录。同时，温度巡检仪根据产品加工的恶劣环境设计，采用高可靠性航空插件，以及防潮防尘设计，使得设备可靠性更好，寿命更长；温度读数模块可安置在任意需要读数的环境，一般根据常规用户的需求安置在控制温度的机房，而软件可以安装在任意一台监督的计算机上，实现温度数据观察控制和监督记录分离，安装软件的计算机和仪器之间的距离可以超过千米，这是非常具有实际应用价值的。

巡检仪可以根据客户需要，进行多个厂区的温度检测记录联网，用一台监控计算机就可以完成所有工作生产、存储环境的温度监督，使得管理简单化，如图 2-13 所示。

图 2-13 监控设备

（5）采用基于 Win98/2000/NT/XP 等平台的软件技术，可根据不同客户需求，方便、快速的生成适合客户需要的个性化的人机界面。

（6）标准化总线设计，可方便的扩展控制及功能，以及同其他系统互联。

2. 蔬菜大棚智能控制管理系统组成与功能

蔬菜大棚智能控制管理系统主要负责温室蔬菜大棚内部光照、温度、湿度和土壤含水量以及视频的采集和控制，如图 2-14 所示。

（1）数据采集系统。数据传感器的上传采用 ZigBee 模式。ZigBee 发送模块将传感器的数值传送到 ZigBee 节点上，然后通过网络传送到控制中心。无线版具有部署灵活，扩展方便等优点；系统可对历史数据进行存储，形成知识库，以备随时进行处理和查询。

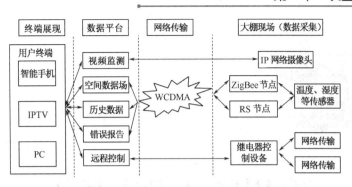

图 2-14 蔬菜大棚智能控制管理系统流程图

（2）视频采集系统。该系统采用高精度网络摄像机，系统的清晰度和稳定性等参数均符合国内相关标准。用户随时随地通过 3G 手机或计算机可以观看到温室内的实际影像，对农作物生长进程进行远程监控。

（3）控制系统。该系统主要由控制设备和相应的继电器控制电路组成，通过继电器可以自由控制各种农业生产设备，包括喷淋、滴灌等喷水系统和卷帘、风机等空气调节系统等。用户在任何时间、任何地点通过任意能上网终端，可实现对温室内各种设备进行远程控制，可以提供灌溉、卷帘等操作。

（4）数据处理系统。该系统负责将采集的数据进行存储和信息处理，为用户提供分析和决策依据，用户可随时随地通过计算机和手机等终端进行查询。系统将采集到的数值通过直观的形式向用户展示时间分布状况（折线图）和空间分布状况（场图），提供日报、月报等历史报表。

（5）手机监控查看。3G 手机可以实现与计算机终端同样的功能，实时查看各种由传感器传来的数据，并能调节温室内喷淋、卷帘、风机等各种设备。

（6）自动报警系统。该系统允许用户制定自定义的数据范围，超出范围的错误情况会在系统中进行标注，以达到报警的目的。温室内温度、湿度、光照度、土壤含水量等数据通过 ZigBee 和 3G、GPRS 无线网络相结合的方式传递给数据处理系统，如果传感器上报的参数超标，系统出现告警，并可以自动控制相关设备进行智能调节。

（7）网络拓扑。系统在网络方面采取了多种制式，远程通信采用 3G、GPRS 无线网络，近距离传输采用 ZigBee 模式，ZigBee 的自主网技术保证网络系统的良好运行。

2.5 思考题与习题

1. 什么是农业物联网？
2. 农业物联网的关键技术和发展趋势是什么？
3. 叙述智能农业无线传感器网络。
4. 射频识别（RFID）系统组是什么？
5. 智能农业物联网体系的三层结构是什么？
6. 蔬菜大棚监控系统的技术架构是什么？
7. 蔬菜大棚智能监控系统的组成与功能是什么？

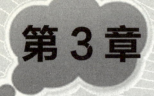

第 3 章 农用柴油发电机组

3.1 农用柴油发电机组的特点、组成和技术参数

3.1.1 农用柴油发电机组的特点

农用柴油发电机组是一种以柴油机为动力,拖动发电机发电的电源设备,其总体结构示意图如图 3-1 所示。柴油发电机组具有效率高、体积小、重量轻、启动及停机时间短、成套性好、建站速度快、操作方便、维护简单等优点,但存在电能成本高、机组振动和噪声大、操作人员工作条件较差等缺点。

图 3-1 农用柴油发电机组总体结构示意图

3.1.2 农用柴油发电机组的组成

农用柴油发电机组主要由农用柴油机、发电机、联轴器、底盘、控制屏、燃油箱、蓄电池

及备件工具箱等组成。有的机组还装有消声器和外罩。为了便于移动和在野外条件下使用,有的机组还固定安装在汽车或拖车上,作为移动电站使用,农用柴油发电机组的装配图如图 3-2 所示。

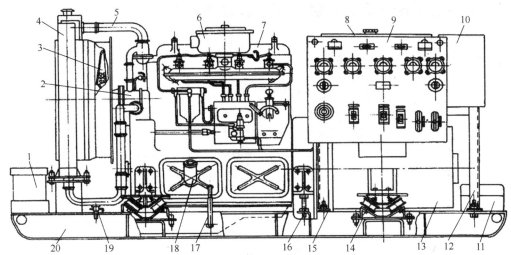

1—蓄电池;2—水泵;3—风扇;4—水箱;5—连接水管;6—空气滤清器;7—柴油机;8—柴油箱;9—控制屏;10—励磁调压器;11—备件箱;12—支架;13—同步发电机;14—减振器;15—橡胶垫;16—支承螺钉(安装时用);17—油标尺;18—机油加油口;19—放水阀;20—底盘

图 3-2　农用柴油发电机组的装配图

农用柴油发电机组主要部件的功能是:

① 农用柴油机。柴油机是农用柴油发电机组的动力源,通过柴油燃料燃烧产生的热能带动曲轴旋转,从而输出机械能。

② 发电机。发电机是将机械能转换为电能的机器,通常采用三相同步发电机。发电机的形式一般采用卧式、防滴型。中小型发电机通常采用风扇自冷却方式。

③ 控制屏。发电机组产生的电能通过控制屏向用电设备输出并进行分配。控制屏上装有机组的操作系统、测量仪表、指示等及各种保护装置,供操作人员进行操作和监视机组运行。控制屏有箱式和柜式等形式。小容量机组的控制屏一般为箱式结构,通过支架直接固定在底盘上;大容量机组的控制屏一般为柜式结构,单独落地安装在机组旁。

④ 联轴器。柴油机与发电机之间通过联轴器直接传动或用皮带传动。联轴器一般采用弹性联轴器或刚性联轴器。其中弹性联轴器用得较多,这种连接方式对柴油机和发电机轴的校正中心要求较低,并具有缓冲和吸振的能力,可以在一定程度上减轻和消除由于负荷波动所引起的冲击或振动。

⑤ 底盘。小型发电机组的柴油机、发电机及控制屏、油箱等均装在底盘上。底盘一般用型钢和钢板焊接而成,形似雪橇,以便于滑行移动和安装。

⑥ 燃油箱。燃油箱是存储燃油的容器,一般安装在机组的上方或水箱前方,其容量可以保证机组连续运行 4~6 小时。燃油箱的加油口处装有滤网用于燃油的过滤。加油口盖上有通气孔,以保持燃油箱内压力与大气压力相同。

⑦ 蓄电池。一般采用铅酸蓄电池。其作用是给启动电动机供电,停机时作为站房的照明

电源。此外，还可供发电机充磁和机组预热用。

⑧ 备件工具箱。供存放维修保养用的备件及工具用。

3.1.3 农用柴油发电机组的型号及技术参数

1. 农用柴油发电机组的型号

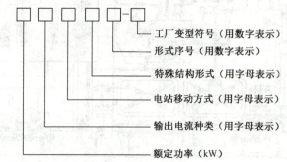

输出电流种类：Z-直流输出；G-交流工频输出；
P-交流中频输出；S-交流双频输出。

电站移动方式：F-发电机组；C-船用；
S-低噪声；J-集装箱。

型号示例：

40GF1-3　表示 40 kW，交流工频（50 Hz）、柴油发电机组，第 1 种形式，第 3 种变型。

2. 农用柴油发电机组的技术参数

农用柴油发电机组的技术参数见表 3-1。

表 3-1　农用柴油发电机组的技术数据

机组型号	额定功率(kW)	额定电流(A)	额定电压(V)	额定频率(Hz)	额定转速(r/min)	相数	功率因数	启动方式	冷却方式	发动机型号/12h 功率(kW)	发电机型号
1.5GF1	1.5	6.5	230		2600	单相	1	手摇启动	风冷	165FD/2.43	TFDX-1.5-2
2GF4	2	8.7								Z170FD/2.94	TFDX-2-2
3GF	3	13								R175A	TFDX-3-2
5GF	5	9								S195/8.8	STC-5
8GF	8	14.4								S195/8.8	STC-8
10GF	10	18.1								295D/15	STC-10
12GF	12	21.7		50						2100D/15	STC-12
15GF	15	27.1	400/230		1500	3相4线	0.8	电启动	水冷	395D/22	STC-15
20GF	20	36.1								495D/28.5	STC-20
24GF	24	43.3								495D/28.5	STC-24
30GF	30	54.1								495AZD/36	STC-30
40GF	40	72.2								4130D/60	STC-40
50GF	50	90.2								4130D/60	STC-50

3.2 柴油发电机组的选择

3.2.1 柴油机发电站总容量的选择

电站总容量应能满足全部用电设备的需要。电站的实际输出功率应有一定的富裕容量，以适应负载的变化。富裕容量一般为实际运行容量的 10%～15%。

3.2.2 柴油发电机组台数的选择

机组台数应根据负载的大小，用户对供电连续性和可靠性的要求及远景规划等条件来决定。农用小型柴油发电机组台数一般为 1～2 台，同时并列运行机组台数不宜超过 4～5 台。

3.2.3 柴油发电机组型式的选择

1. 电源类型的选择

（1）单相发电机组。单相发电机组使用于用电量较少，且集中在一处用电，又不需要三相电源的场合。家用电器的电压一般为 220 V，所以家用发电机组多选用单相电源。

（2）三相发电机组。三相发电机组适用于用电量较大，且用电地点分布在相邻的几个地方（例如一个院子或同一幢楼房）及需要使用三相电源的场合。

2. 发电机组结构型式的选择

（1）无刷与有刷发电机组。无刷与有刷是指发电机内部有无配备集电环和电刷而言。前者适用于国防、邮电、通信、计算机等对防无线电干扰要求高的部门和场所；后者适用于除上述部门以外的各行业。

（2）低噪声与一般机组。低噪声与一般机组使用于地处城镇及其他对环境噪声污染有较高要求的部门；一般机组由于结构简单、价格低廉、适用于对噪声污染无特殊要求的部门和场所。

（3）罩式和开启式机组。罩式机组适用于室外及有沙尘、风雪的场所；开启式机组适用于室内及无污染的场所。

（4）湿热型和普通型机组。湿热型机组适用于化工、医药、冶炼、海上作业等对防潮、防霉、防盐有要求的部门和场所；普通型机组适用于其他部门和场所。

为了有利于电站的维护、操作和管理，便于备件的互换，在机组选型时，同一电站内的机组型号、容量、规格应尽可能一致。

为了减少磨损，增加机组的使用寿命，常用电站的柴油发电机组宜选用标定转速不大于 1000 r/min 的中、低速柴油机；备用电站可选用中、高速机组。

3.2.4 柴油发电机组单机容量的选择

选择柴油发电机组的单机容量时,应考虑当地环境条件对柴油机功率的影响。

柴油机的功率标定:国家标准规定柴油机的标定功率,也就是柴油机铭牌上标注的功率,是指柴油机连续运转 12 h 的最大功率。持续长期运行的功率是标定功率的 90%;超过标定功率 10%运行时,可超载运行 1 h(包括在 12 h 以内)。

标定功率是在标准大气状态下发出的功率。国家标准 GB/T 21404—2008 规定的标准大气状态为:大气压力 100 千帕(千帕用 kPa 表示,1 千帕等于 7.5 毫米汞柱,毫米汞柱用 mmHg 表示)、环境温度 25℃(298 K)、相对湿度 30%。当柴油机工作地点的大气状态与标准大气状态不符时,其实际输出功率应进行修正,即

$$P_x = \alpha P_r \tag{7-1}$$

式中 P_x——柴油机的实际输出功率;
P_r——柴油机在标准大气状态下的功率;
α——大气状态对柴油机的功率调整系数,见表 3-2。

在表 3-2 中列出了按现行规定的标准大气状况、不同机械效率 η_m(η_m 由柴油机制造厂规定)和指示功率比 k(可计算得出)时,各种环境温度及大气压力下的柴油机大气状况功率调整系数 α 值。

表 3-2 不同机械效率和指示功率比的柴油机大气状态功率调整系数 α

k	α 机械效率/η_m					
	0.70	0.75	0.80	0.85	0.90	0.95
0.50	0.350	0.383	0.413	0.438	0.461	0.482
0.52	0.376	0.408	0.436	0.461	0.483	0.502
0.54	0.402	0.433	0.460	0.483	0.504	0.523
0.56	0.428	0.457	0.483	0.506	0.526	0.544
0.58	0.454	0.482	0.507	0.528	0.547	0.565
0.60	0.480	0.507	0.530	0.551	0.569	0.585
0.62	0.506	0.531	0.554	0.573	0.590	0.606
0.64	0.532	0.556	0.577	0.596	0.612	0.627
0.66	0.558	0.581	0.601	0.618	0.634	0.648
0.68	0.584	0.605	0.624	0.641	0.655	0.668
0.70	0.610	0.630	0.648	0.663	0.677	0.689
0.72	0.636	0.655	0.671	0.685	0.698	0.710
0.74	0.662	0.679	0.695	0.708	0.720	0.730
0.76	0.688	0.704	0.718	0.730	0.741	0.751
0.78	0.714	0.729	0.742	0.753	0.763	0.772
0.80	0.740	0.753	0.765	0.775	0.784	0.793
0.82	0.766	0.778	0.789	0.798	0.806	0.813
0.84	0.792	0.803	0.812	0.820	0.828	0.834
0.86	0.818	0.827	0.836	0.843	0.849	0.855
0.88	0.844	0.852	0.859	0.865	0.871	0.876
0.90	0.870	0.877	0.883	0.888	0.892	0.896

(续表)

k	α 机械效率/η_m					
	0.70	0.75	0.80	0.85	0.90	0.95
0.92	0.896	0.901	0.906	0.910	0.914	0.917
0.94	0.922	0.926	0.930	0.933	0.935	0.938
0.96	0.948	0.951	0.953	0.955	0.957	0.959
0.98	0.974	0.975	0.977	0.978	0.978	0.979
1.00	1.000	1.000	1.000	1.000	1.000	1.000
1.02	1.026	1.025	1.024	1.023	1.022	1.021
1.04	1.052	1.049	1.047	1.045	1.043	1.042
1.06	1.078	1.074	1.071	1.067	1.065	1.062
1.08	1.104	1.099	1.094	1.090	1.086	1.083
1.10	1.130	1.123	1.118	1.112	1.108	1.104
1.12	1.156	1.148	1.141	1.135	1.129	1.124
1.14	1.182	1.173	1.165	1.157	1.151	1.145
1.16	1.208	1.197	1.188	1.180	1.172	1.166
1.18	1.234	1.222	1.212	1.202	1.194	1.187
1.20	1.260	1.247	1.235	1.225	1.216	1.207

3.3 简易柴油发电机组

在没有专用柴油发电机的情况下，可根据农村的实际条件，自行组装简易的柴油发电机组。

3.3.1 简易柴油发电机组的型式和选择方法

简易柴油发电机组的型式较多。例如，可以利用现有的柴油机或拖拉机的发动机，通过带轮用传动带传动（或通过变速箱用齿轮传动），带动发电机发出电力。图3-2是常见的一种简易柴油发电机组。该机组的柴油机和发电机分别安装在用水泥砌成的机座基础上，通过带传动装置把它们连接起来。柜式控制屏单独安装在机组的一侧。

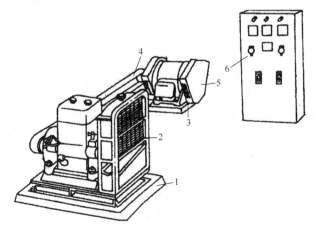

1—柴油机机座；2—柴油机；3—发电机机座；4—传动带；5—同步发电机；6—控制屏

图3-2 简易柴油发电机组

3.3.2 功率匹配、转速匹配的性能参数

1. 功率匹配

柴油机功率（kW）与发电机功率（kW）之比称为功率匹配比，通常用字母 K 表示，即

$$K = \frac{P'_N}{P_N} \tag{7-2}$$

式中　P'_N——柴油机标定功率，单位为 kW；

　　　P_N——发电机标定功率，单位为 kW。

K 值与当地的海拔、大气温度、湿度等参数，以及机组传动效率、发电机效率等有关。对于在平原上使用的一般要求的机组（如固定电站等），K 值可取为 1.6；对于要求较高的机组（如移动电站等），K 值可取为 2。对于海拔高度较高的地区及湿热地区使用的机组，上述 K 值应除以大气状态对柴油机的功率调整系数 α（见表 3-2），进行修正。

2. 转速匹配

同步发电机的标定转速有 3000r/min、1500 r/min、750 r/min、600 r/min 等。组装柴油发电机组时，应使柴油机的转速与发电机的转速一致。如果两者的转速不一致，可通过变速器使发电机的转速调整为标定转速。变速器可以是带传动装置或齿轮变速器。如果采用带传动方式，应考虑因传动带打滑而产生的转速比的变化。

3.4 农用柴油机

3.4.1 柴油机的类型和总体结构

1. 柴油机的分类

柴油机的分类方法很多，主要有以下几种。

1）按气缸数分类

（1）单缸柴油机。一台柴油机只有一个气缸。

（2）多缸柴油机。一台柴油机具有两个或两个以上气缸。

2）按一个工作循环的冲程数分类

（1）二冲程柴油机。活塞运动二个冲程完成一次工作循环。

（2）四冲程柴油机。活塞运动四个冲程完成一次工作循环。

3）按进气方式分类

（1）非增压柴油机（或自然吸气柴油机）。柴油机直接吸入不经过增压装置的新鲜空气而运行。

（2）增压柴油机。柴油机排气管上带有增压器，空气经增压器增压后进入柴油机气缸中。

4）按气缸的排列方式分类如图 3-3 所示

（1）直列式柴油机。柴油机的气缸垂直布置。

（2）V 形柴油机。柴油机的气缸呈 V 形布置，常用的 V 形夹角为 90°，当 V 形夹角为 180°时则称为对置式。

（3）卧式柴油机。柴油机气缸呈横卧式布置。这是单缸农用柴油机常用的一种结构形式。

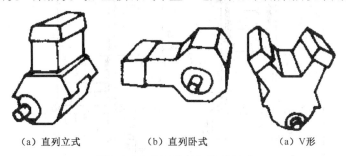

图 3-3 柴油机的气缸排列方式

5）按冷却方式分类

（1）水冷柴油机。柴油机使用水作为冷却介质，在气缸周围布置有冷却水套，冷却效果较好。此类柴油机冷却系统又分为自然冷却循环和强制冷却循环两种。柴油发电机组常用水冷柴油机。

（2）风冷柴油机。柴油机的气缸周围布置有很多散热片，使用空气作为冷却介质。

6）按柴油机转速或活塞平均速度分类

（1）高速柴油机。柴油机的标定转速高于 1000 r/min 或活塞平均速度高于 9 m/s。

（2）中速柴油机。柴油机的标定转速在 600～1000 r/min 或活塞平均速度 6～9 m/s。

（3）低速柴油机。柴油机的标定转速低于 600 r/min 或活塞平均速度低于 6 m/s。

7）按启动方式分类

（1）手摇启动柴油机。此启动方式非常简单，只需将启动手柄端头的横销嵌入柴油机曲轴前端的启动爪内，摇动手柄即可转动曲轴，使柴油机顺利启动。

（2）电力启动柴油机。以蓄电池为电源，以电动机作为动力源，当电动机轴上的驱动齿轮与柴油机飞轮周缘上的环齿啮合时，电动机旋转而产生的动力就通过飞轮传递给柴油机曲轴，使柴油机启动。

（3）压缩机启动柴油机。利用压缩空气的能量推动活塞运动从而驱动柴油机曲轴，使柴油机启动。

8）按用途分类

（1）固定式柴油机。作为固定设备动力的柴油机，例如发电机组、钻井机械、水泵等所用的柴油机。

（2）移动式柴油机。作为移动机械动力的柴油机，例如汽车、工程机械、拖拉机、机车等所用的柴油机。

2. 柴油机的总体构造

柴油机是一种极其复杂的机器。柴油机包含的很多机构和系统随柴油机生产厂家、用途和生产年代的不同而千差万别。但就其总体构造而言，一般由以下部分组成：机体组件、曲柄连杆机构、配气机构、燃油供给系统、冷却系统、润滑系统、启动系统等。这就是人们常说的"三大机构四大系统"。单缸柴油机的结构如图3-4所示。

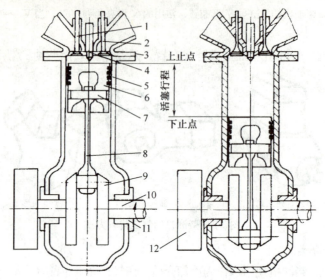

1—排气门；2—进气门；3—气缸盖；4—喷油器；5—气缸；6—活塞；7—活塞销；
8—连杆；9—曲柄；10—曲轴；11—主轴承；12—飞轮

图3-4 单缸柴油机的结构简图

3.4.2 柴油机的工作原理

柴油机是依靠柴油在燃烧室内燃烧时所产生的能量推动活塞作功，从而实现把热能转变为机械能的一种发动机。下面以单缸四冲程柴油机为例说明其工作原理。

四冲程柴油机的工作过程由进气、压缩、膨胀做功和排气四个冲程组成。其工作原理见图3-5所示。

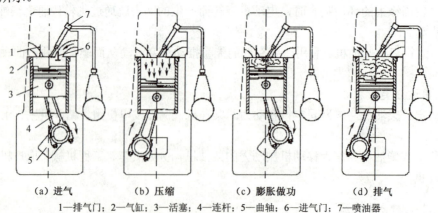

(a) 进气　　　　(b) 压缩　　　　(c) 膨胀做功　　　　(d) 排气

1—排气门；2—气缸；3—活塞；4—连杆；5—曲轴；6—进气门；7—喷油器

图3-5 四冲程柴油机的工作原理

第 3 章 农用柴油发电机组

（1）进气冲程。活塞下行，利用气缸内的真空度将新鲜空气吸入气缸，提供柴油燃烧所需的氧气。

（2）压缩冲程。进排气门关闭，活塞上行，气缸内的气体被压缩，其温度和压力同时升高。

（3）膨胀做功冲程。在压缩过程结束前，将柴油喷入燃烧室，柴油在炽热的空气中迅速蒸发汽化，达到柴油的自燃点，因此柴油能自行燃烧。燃烧气体的压力、温度迅速升高，体积急剧膨胀，推动活塞上行带动曲轴旋转而输出机械功。

（4）排气冲程。曲轴通过连杆带动活塞下行，将膨胀做功冲程产生的废气排出。

3.5 农用交流同步发电机

3.5.1 交流同步发电机的结构与励磁方式

通常与柴油机配套使用的发电机为交流同步发电机，主要由定子、转子、机座和励磁装置等组成。

同步发电机的励磁方式主要有直流励磁机励磁、双绕组电抗分流自励恒压励磁、晶闸管自励恒压励磁、相复励励磁、三次谐波励磁等形式。各种励磁装置除直流励磁机励磁为他励式外，其余都是自励式的。自励式励磁装置优点较多，在一般情况下应予以优先采用。

3.5.2 T2 系列三相交流同步发电机的主要技术参数

1. T2 系列三相交流同步发电机简介

T2 系列小型三相同步发电机是目前国内常用的有刷自励恒压三相同步发电机。它通常与柴油机配套成机组或移动电站，供小型城镇、农村、车站、工地照明用电源及动力用电源。

T2 系列三相同步发电机的防护形式为防滴式。发电机的转子装有后倾式离心风扇。50 kW 及以下发电机，转子一般为凸极式；64 kW 及以上发电机，转子一般为隐极式。

T2 系列三相同步发电机定子绕组为星形接法，不允许接成三角形，中性线引出。发电机为自励、有刷励磁。励磁方式有三次谐波励磁、晶闸管励磁和相复励励磁三种。

T2 系列三相同步发电机型号的含义如下（与柴油机配套的工频同步发电机的型号含义没有统一的形式，不同电机生产的产品有不同的样式）：

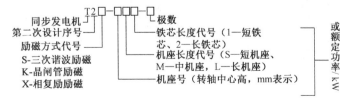

2. T2系列三相交流同步发电机的技术数据

（1）T2S系列三相交流同步发电机的技术数据见表3-3。

表3-3 T2S系列三相交流同步发电机的技术数据

型号	额定功率(kW)	额定电压(A)	额定电流(A)	额定转速(r/min)	功率因数	效率(%)	励磁电压(V)	励磁电流(A)	质量(kg)
T2S-2	2	400	3.61	3000	0.8		53	1.8	22
T2S-3	3	400	5.41	3000	0.8		60	2.3	32
T2S160S1	3	400/230	5.4	1500	0.8	75.0	43	5.3	90
T2S160S2	5	400/230	9.0	1500	0.8	81.5	40	7.3	92
T2S160L	8（7.5）	400/230	14.4	1500	0.8	84.3	50	6.6	95
T2S180S1	10	400/230	18.0	1500	0.8	84.0	60	6.6	115
T2S180S2	12	400/230	21.7	1500	0.8	85.0	72	6.6	130
T2S180M	16	400/230	28.9	1500	0.8	86.5	85	6.0	160
T2S200S	20	400	36.0	1500	0.8		48.5	11.0	200
T2X200M	24	400/230	43.3	1500	0.8	88.5	99	9.0	230
T2SS225S	30	400/230	54.2	1500	0.8	89.0	62	12.0	280
T2SS225M	40	400/230	72.3	1500	0.8	90.0	73	12.0	310
T2SS225L	50	400/230	90.3	1500	0.8	90.5	76	14.0	340
T2X250M	64	400/230	115.0	1500	0.8	90.5	70	29.0	700
T2X250L	75	400/230	135.5	1500	0.8	91.4	73	20.0	750
T2X280S	90	400/230	162.4	1500	0.8	91.0	74.9	26.8	800
T2X280L	120	400/230	217.0	1500	0.8	91.8	90.1	28.2	970
T2X355S1	150	400/230	270.0	1500	0.8	92.0	52	56.0	1100
T2X355S2	200	400/230	362.5	1500	0.8	92.0	71.2	51.6	1250
T2X355M	250	400/230	460	1500	0.8	92.0	71.2	51.6	1350

注：表T2S225中心高控制箱有分离式。

（2）T2X系列三相交流同步发电机的技术数据见表3-4。

表3-4 T2X系列三相交流同步发电机的技术数据

型号	额定容量		额定电流(A)	效率(%)	质量(kg)	直接启动异步电动机最大功率(kW)	原动机拖动最小功率(kW)
	kV·A	kW					
T2X-10-4	12.5	10	18.1	82.5	300	7	16.5
T2X-12-4	15	12	21.7	83.5	320	8.4	19.5
T2X-20-4	25	20	36.1	86	380	14	31.6
T2X-24-4	30	24	43.3	87	400	16.8	37.5
T2X-30-4	37.5	30	54.1	88	500	21	46.3
T2X-40-4	50	40	72.2	89	530	28	61
T2X-50-4	62.5	50	90.2	89.5	580	30	76
T2X-64-4	80	64	115.4	90	690	30	96.6
T2X-75-4	93.8	75	135.3	90.5	750	30	112.6
T2XV-90-4	113	90	162	91	950	55	134.4

注：T2XV型号是安装尺寸有别于T2X基本型的派生产品，带有柴油机飞轮壳对接的凸缘端盖。

3.5.3 ST2 系列单相交流同步发电机的主要技术参数

ST2 系列小型单相交流同步发电机通常与小型汽油机或柴油机配套组成小型单相交流发电机组，适用于小型船舶照明以及农村、别墅用的小型电源，也可作为小型应急用电源。

ST2 系列小型单相交流同步发电机为防滴式，转子采用凸极结构，励磁方式为晶闸管励磁。

ST2 系列同步发电机型号的含义：

```
            ST 2 -□-□
单相同步发电机        极数
   设计序号        额定功率（kW）
```

ST2 系列单相交流同步发电机的技术数据见表 3-5。

表 3-5 ST2 系列单相交流同步发电机的技术数据

型号	容量 (kW)	电压（V）		电流（A）		转速 (r/min)	频率（Hz）	效率（%）	功率因素	质量 (kg)	原动机拖动最小功率（kW）
		串联	并联	串联	并联						
ST2-2-4	2			8.7	17.4			73		65	2.76
ST2-3-4	3			13	26			76		70	4.0
ST2-5-4	5			21.7	43.5			80		120	6.26
ST2-7.5-4	7.5	230	115	32.6	65.2	1500/1800	50/60	81	1.0	140	9.32
ST2-10-4	10			43.5	87			82		200	12.0
ST2-12-4	12			52.2	104.3			83		225	14.62
ST2-15-4	15			65.2	130.4			84		300	18.12
ST2-20-4	20			87	174			85		350	23.86

3.6 柴油发电机组的使用、保养及维修方法

3.6.1 柴油发电机使用前的准备工作

1. 柴油、机油及冷却水的选用

1）柴油的选用

柴油机使用的燃油分轻柴油和重柴油两类。轻柴油适用于高速柴油机；重柴油适用于中、低速柴油机。与柴油发电机组配套的柴油机转速较高，通常采用轻柴油。

柴油的黏度随温度下降而增大，当下降到某一温度时，柴油中含有的高分子碳氢化合物便产生结晶，使柴油失去流动性，此时的温度称为凝固点。

轻柴油按其凝固点温度的不同，分为 10 号、0 号、-10 号、-20 号、-35 号、-50 号六种牌号。牌号的数字表示其凝固点的温度数值。例如-10 号轻柴油的凝固点为-10℃。凝固点较高的柴油在温度较低的环境下工作时，很容易引起油路和滤清器阻塞，导致供油不足，甚至中

断供油。因此，必须根据环境气温条件，选用适当牌号的柴油。例如，一般情况下，冬季气温在-15℃以上，很少降到-20℃的地区，可以选用-20号轻柴油。

重柴油按其凝固点温度的不同，分为10号、20号、30号等三种牌号。10号重柴油适用于500～1000 r/min的中速柴油机；20号重柴油适用于300～700 r/min的中速柴油机；30号重柴油适用于300 r/min以下的低速柴油机。

2）机油的选用

农用柴油机油（润滑油）有10W-30、15W-30、15W-40、30号、40号、50号等六种牌号。机油的号数越大，油越黏稠。选用时亦应根据当地气温来决定，选用的原则是气温高选用高牌号机油，气温低选用低牌号机油。

3）冷却水的选用

柴油机冷却系统中所用的冷却水并不是随意取用的。因为自然界的水中往往含有各种矿物质和混有许多杂质，它将影响柴油机冷却系统的正常工作。

柴油机所用的冷却水必须符合以下要求：

（1）冷却水必须清洁。因为水中的杂质会引起冷却系统堵塞及系统中零件的严重磨损，如水泵叶轮的磨损。

（2）冷却水必须采用软水。因为硬水中含有大量矿物质，在高温作用下，易产生水垢，附着于零件表面使冷却水通路堵塞，并且水垢的传热性极差，直接影响柴油机的冷却效果，使柴油机受热不均，气缸壁温升过高，以至破裂。

柴油机冷却系统中应采用软水，如自然界中的雨水和雪水等，但应注意这些水中不同程度地混有各种杂质，使用时应进行过滤。

所谓硬水是指含有较多矿物质的水，如江水、河水、湖水、井水、泉水、海水等。这种水不能直接用做冷却水，必须经过软化处理后，才可以使用，其方法：

① 将硬水除去杂草、泥沙等赃物，在干净无油的水桶中加热煮沸，待沉淀后取其上部清洁的水使用。

② 在1 kg水中溶化40g氢氧化钠（即烧碱），然后加到60 kg的硬水中，搅拌并过滤后使用。

③ 在装硬水的桶内加入一定数量的磷酸三钠，仔细搅拌，直到完全溶解为止。待澄清两三小时后再灌入柴油机水箱，软化硬水时所需的磷酸三钠数量见表3-6。

表3-6 软化硬水时所需的磷酸三钠数量

水　　质	磷酸三钠（g/L水）
软水（雨水、雪水）	0.5
半硬水（江水、河水、湖水）	1.0
硬水（井水、泉水、海水）	1.5～2.0

2. 机组启动前的准备工作

柴油机在静止状态下，不能自行开始运转，必须借助外力矩，创造一定条件才能开始工作。根据柴油机启动所使用的能量来源不同，有以下四种启动方式：

（1）人力启动（又称手摇启动）；

（2）电动机启动（又称电启动）；

(3) 压缩空气启动；

(4) 辅助发动机启动（又称小汽油机启动）。

其中以电动机启动方式较为普遍。柴油发电机组启动前应做以下准备工作：

① 检查发电机绕组冷态绝缘电阻，用 500 V 兆欧表在常温下测量，发电机绕组对机壳之间的绝缘电阻应不低于 2 MΩ。对采用由电子元件构成自动电压调压器的发电机，在测量绝缘电阻之前，应将电压调节器和整流器等与电机绕组间的电气连接点断开，以免电子元件损坏。

② 检查柴油机、发电机、控制屏以及各附件的固定和连接是否牢靠，尤其应注意各电气接头、油管接头、水管接头、地脚螺栓、接地装置等的连接是否牢靠，电刷与滑环（或转向器）的接触是否良好，电刷在刷握中的活动是否正常。

③ 检查控制屏上的仪表和开关是否完好；发电机的总开关和分路开关均应断开，将手动/自动转换开关置于手动位置；将励磁电压调节手柄转到启动位置。

④ 检查传动装置各运动部件的转动是否灵活，联轴器的联结是否正常，皮带松紧程度是否适当（用手在皮带中部推进时，以皮带被压下 10～15 mm 为适宜）。

⑤ 检查机油油位是否在规定范围，并按日常保养要求向各人工加油点加注润滑油。

⑥ 按规定加足经过沉淀过滤的柴油，并检查燃油箱上部的通气孔，使其顺畅。

⑦ 加足冷却水。

⑧ 对于在冬季气温较低环境下工作的机组，还应采取防冻及预热措施：根据机组使用的环境温度换用适当牌号的柴油和机油；检查、调整和安装好预热装置；冷却系统应灌注热水或防冻液。

3.6.2 柴油发电机机组的启动、运行和停机

1. 机组的启动

电启动是最常用的启动方式，其启动方式如下。

（1）打开燃油箱的供油阀门。

（2）扳动输油泵上的手泵数次，以排除燃油系统内的空气，同时将调速器的油量控制手柄置于启动的位置上。

（3）用钥匙接通启动电路，按下启动按钮，使柴油机启动。待柴油机着火后随即松开按钮。如果按钮已按下经 10 s 柴油机仍不能着火运转，则应立即松开按钮，在柴油机曲轴还没有停止转动时绝不能再按启动按钮，否则会打坏起动机上的齿轮。如果连续四次启动失败，应查明原因，待故障排除后再启动。

（4）柴油机启动后，检查油压表、充电电流表的指示是否正常；监听机组运转声音是否正常。特别应注意的是：如果启动 1 min 后，油压表仍无油压指示，应立即停车并查明原因。

（5）先在低速下运转 3～5 min 暖机，在冬季暖机时间还应稍长一些。当柴油机运转正常时，水温和机油温度上升后，逐渐增加转速至额定转速，再空载运行几分钟。

（6）当柴油机的水温在 50℃以上，机油温度在 45℃以上，机油压力为 0.15～0.3 MPa，并且机组各部分工作情况均为正常后，才允许接通主开关，逐渐地增加负载。与此同时，应调节发电机的电压，即转动励磁电压调节手柄，使电压表读数逐渐升高到额定电压。然后将手动/

自动转换开关扳到自动位置。对于有励磁开关的励磁系统，应先接通励磁开关后再调节发电机的电压。

手摇启动的方法：

① 先打开减压机构，把供油量放在中速位置。

② 然后由一人控制减压和油量，一人摇车，将摇手柄套在曲轴前端的启动爪上，由慢至快转动曲轴。

③ 等转到最大速度时，立即关上减压机构，机组即可启动。

④ 柴油机启动后，转速就加快，此时摇手柄会自动脱开，因此摇车者应继续握紧手柄，不能松手，以免手柄甩出打伤人。

压缩空气启动和辅助发动机启动的方式应用较少，其启动方法见机组使用说明书。

2. 机组运行中的监视

（1）注意观察机油压力、机油温度、冷却水温度、充电电流等仪表指示是否正常，其值应在规定的范围内（各种发电机组不完全一样），一般为：机油压力 0.15～0.4 MPa；机油温度 75～90℃；出水温度 75～85℃。

（2）观察排气颜色是否正常。正常情况下的排气颜色为无色或淡灰色；工作不正常时排气颜色变成深灰色；超负载时排气呈黑色。

（3）观察滑环、换向器有无不正常的火花。

（4）观察机组各部位的固定和连接情况，注意有无松动或剧烈振动现象。

（5）观察机组有无漏油、漏水、漏风、漏气、漏电现象。注意燃油、机油、冷却水的消耗情况，不足时应按规定的牌号添加。各人工加油点应按规定时间加油。

（6）观察发电机及励磁装置、电气线路接头等处的工作情况。

（7）观察机组的保护装置和信号装置是否正常。

（8）监听机组运转声音是否正常，如发现不正常的敲击声，应查明原因。

（9）注意机组各处有无异常气味，尤其是电气装置有无烧焦气味。

（10）用手触摸电机外壳和轴承盖，检查其温度是否过高。

（11）严格防止机组在低速低温、高温超转速或长期超负载情况下运行。柴油机长期连续运行时，应以 90%额定功率为宜。柴油机以额定转速运行时，连续运行时间不允许超过 12h。

（12）注意观察发电机的电压、电流及频率的指示值。在负载正常时，发电机电压为额定值，频率为 50 Hz，三相电流不平衡量不超过允许值。

（13）不能让水、油或金属碎屑进入发电机或控制屏内部。

（14）使用过程中应有记录，记载有关数据以及停机时间、原因、故障的检查及修理结果等。

3. 机组的正常停车

（1）在机组停车前应作一次全面的检查，了解有无不正常现象或故障，以便停车后进行修理。

（2）停车前，应将蓄电池充电（采用压缩空气启动应将储气瓶内充足压缩空气），供下次启动时用。

（3）逐渐地卸去负荷，减小柴油机油门，使转速降低，然后将调速器上的油量控制手柄推到停车位置，关闭油门，使柴油机停止运转。

（4）用钥匙断开电启动系统。

（5）柴油机停转后，将控制屏上的所有开关和手柄恢复到启动前的准备位置。

（6）如果停机时间较长，或在冬季工作环境温度为0℃以下时，停车后必须将冷却系统中所有冷却水放出。如采用防冻液时可以不放水。

（7）清扫现场，擦拭机组各部位，做好下次开机的准备。

4. 机组的紧急停车

当发生紧急事故时，例如机组飞车、机油压力突然下降或消失、运动部件突然失灵或损坏、柴油机出现不正常声音、柴油机管路断裂、发电机内部冒烟时，应采取紧急停车措施。此时，应将油量控制手柄迅速推到停车位置，关闭油门，强迫柴油机停车。

3.6.3 柴油机的保养

一般柴油机的技术保养分为日常保养（每班或每日工作完毕时）、一级技术保养（柴油机累计运行100 h后）和二级技术保养（柴油机累计运行500 h后）。

1. 日常保养（每班或每日工作完毕时）

（1）检查发电机工作日报；

（2）检查发电机机油平面、冷却液平面；

（3）日检发电机有无损坏、渗漏，皮带是否松弛或磨损；

（4）检查空气滤清器，清洁空气滤清器芯子，必要时更换；

（5）放出燃油箱及燃油滤清器中的水或沉积物；

（6）检查水过滤器；

（7）检查启动蓄电池及电池液，必要时添加补充液；

（8）启动发电机并检查有无异响；

（9）用空气枪清洁水箱、冷却器及散热网灰尘；

（10）排除所发现的故障及不正常现象。

2. 每周保养（一级技术保养）

（1）完成日常保养的各项工作；

（2）清洗机油滤清器并更换机油（若机油比较清洁，可延长到200 h再换机油），更换机油时将脏油趁热放出；

（3）清洗空气滤清器，并更换油池内的机油。若滤芯是纸质的，应更换新的滤芯；

（4）清洗燃油箱和燃油滤清器（如使用经过沉淀及滤清的燃油，可每隔200 h清洗一次）；

（5）检查蓄电池电压及电解液相对密度。当气温为15℃时，电解液相对密度应为1.28～1.29，最低不小于1.27。并检查电解液面是否高出极板10～15 mm，不足时添加蒸馏水补充；

（6）检查风扇及充电发电机的传动皮带的松紧程度，并进行调整；

(7) 检查喷油泵机油存量，需要时添注机油；
(8) 按规定要求向各注油嘴处注入润滑脂或润滑油；
(9) 检查调整气门间隙；
(10) 重新装配因保养工作而拆卸的零部件时，应确保安装位置正确无误；
(11) 完成保养工作后启动柴油机，检查运转情况，排除所存在的故障和不正常现象。

3. 二级技术保养

当柴油发电机运行 500 h 后，请进行如下工作：
(1) 完成一级技术保养的各项工作。
(2) 检查喷油器的喷油压力及喷雾情况，必要时清洗喷油器并进行调整。
(3) 检查喷油泵工作情况和喷油提前角是否正确，必要时加以调整。
(4) 拆下气缸盖，清除积灰，并检查进气门、排气门与气门座的密封是否良好，必要时用气门砂进行研磨；清除活塞、活塞环、气缸壁的积灰；活塞环间隙过大时，应予以更换。
(5) 检查连杆轴承间隙是否过大，活塞销是否空旷，必要时予以更换。检查连杆螺栓、主轴承螺栓的紧固及锁定情况，必要时重新紧固、锁定或更换。
(6) 清洗油底壳和机油冷却器芯子。
(7) 检查冷却系统结垢情况，如结垢严重，可放尽冷却系统的存水，加入清洗液（清洗液由每升水加入 150 g 烧碱的比例组成）。静置 8～12 h 后再启动柴油机。当水温达到工作温度后停车放出清洗液，并用清水清洗。对于用铝合金制作的机体，可用弱碱清洗液（由每升水加入 15 g 水玻璃和 2 g 液体肥皂配成），加入冷却系统后启动柴油机，运转至正常温度后再运转 1h，放出清洗液，并用清水冲洗。
(8) 每累计工作 1000 h 后，将充电发电机及启动机拆下，洗掉旧的轴承油并换新，同时检查和清洗启动机的齿轮传动装置。
(9) 普遍检查机组各主要零部件，并进行必要的调整和修理。
(10) 拆洗和重新装配后，全面检查安装位置的正确性和紧固情况，擦拭干净并开动柴油机，检查运转情况，排除存在的故障及不正常现象。

3.6.4 柴油发电机机组的维修

1. 柴油发电机机组的小维修

当柴油发电机运行 3000～4000 h，请进行如下工作：
(1) 检查气门、气门座等磨损程度，必要时进行修理或更换；
(2) 检查 PT 泵、喷油器的工作状况，必要时进行修理、调校；
(3) 检查、调整连杆及各紧固螺钉的扭力矩；
(4) 检查、调整气门间隙；
(5) 调整喷油器行程；
(6) 检查调整风扇充电机皮带的张紧度；

（7）清洗进气支管的积炭；
（8）清洗中冷器芯；
（9）清洗整个机油润滑系统；
（10）清洗摇臂室、油底壳的油泥及金属铁屑。

2. 柴油发电机机组的中维修

当柴油发电机组运行 6000～8000 h，请进行如下操作：
（1）完成小修项目；
（2）分解发动机（除曲轴外）；
（3）检查缸套、活塞、活塞环、进排气门、等曲柄连杆机构、配气机构、润滑系统、冷却系统的易损零件，必要时更换；
（4）检查燃料供给系统，调校油泵油咀；
（5）发电机电球修理检测，清净油污沉积物，润滑电球轴承。

3. 柴油发电机机组的大维修

当柴油发电机组运行 9000～15000 h，请进行如下操作：
（1）完成中修项目；
（2）解体全部发动机；
（3）更换气缸体、活塞、活塞环、大小轴瓦、曲轴止推垫、进排气门、全套发动机大修包；
（4）调校油泵、喷油器、更换泵芯、喷油头；
（5）更换增压器大修包、水泵修理包；
（6）校正连杆、曲轴、机体等部件，必要时修复或更换。

3.7　柴油发电机组的常见故障及其排除方法

柴油发电机组总体的常见故障及排除方法见表 3-7。

表 3-7　柴油发电机组总体的常见故障及排除方法

常见故障	可能原因	排除方法
接地的金属部分有电	1. 接地不良，发电机绕组的绝缘电阻过低 2. 接地不良，发电机引出线碰机壳	1. 调整接地等；如发电机受潮严重，应用热风法或红外线灯泡法烘干发电机绕组 2. 检修接地装置；用绝缘胶布包扎引出线或更换引出线
电表无读数	1. 发电机不发电 2. 熔丝熔断 3. 电表损坏 4. 电路中有断路现象	1. 检查同步发电机和励磁系统，使用逐步深入、不断缩小范围的原则检查并排除故障 2. 查明原因并排除故障，更换熔丝 3. 检修或更换电表 4. 找出断路处并接好
电路各接点、触点过热	1. 接头松动，接触不良 2. 触点烧伤	1. 找出松动的接头，擦净并接牢 2. 用细纱布擦修触点，并调整触点位置，使其接触良好

（续表）

常见故障	可能原因	排除方法
绝缘电阻过低	1. 导线或元件损坏后碰地，绝缘电阻降为零 2. 发电机线圈受潮 3. 配电盘线路受潮	1. 检查并找出故障后，更换损坏导线或元件，排除接地故障 2. 烘干发电机线圈 3. 检查并找出故障处，擦净、风干或烘干
机组振动过大	1. 联轴器对中不正确 2. 地脚螺栓松动或底盘安装不稳 3. 轴承损坏 4. 发电机转子偏心 5. 柴油机曲轴不平衡	1. 重新调整对中 2. 拧紧地脚螺栓，将底盘安装稳固 3. 修理或更换轴承 4. 校正转子中心线 5. 调整曲轴平衡块，使其平衡

3.8 思考题与习题

1. 简述农用柴油发电机组的组成。
2. 简述柴油机的总体构造。
3. 简述柴油发电机组的选择方法。
4. 简述柴油机的分类方法。
5. 简述柴油、机油及冷却水的选用方法。
6. 简述柴油机的保养方法。
7. 简述柴油发电机机组的维修方法。
8. 简述柴油发电机组总体的常见故障及排除方法。

第4章 新型农机具的控制技术

4.1 发电机及调节器的类型、结构和技术参数

4.1.1 农用发电机的分类和结构

1. 柴油发电机组的型号命名规则

为了规范和管理柴油发电机组,对柴油发电机的名称和型号编制方法做了统一规定。根据 GB—2819 的规定,机组的型号排列如图 4-1 所示。

1	2	3	4	5	6	7

1——空格内的数字表示发电机组输出的额定功率(kW)。

2——空格内的字母表示发电机输出电流的各类,其中 G 表示工频,P 表示交流中频,S 表示交流双频,Z 表示直流。

3——空格内的字母表示发电机的类型,F 表示陆用,FC 表示船用,Q 表示汽车电站,T 表示挂车。

4——空格内的字母表示控制特征,缺位时表示手动,Z 表示自动化机型,S 表示低噪声机型,SZ 表示低噪声自动化机型。

5——空格内的数字表示设计序号。

6——空格内的数字表示变形代号。

7——空格内的字母表示环境性,默认时表示普通型,TH 表示湿热带型。

图 4-1 柴油发电机组的型号排列

举例:

120GF18 表示额定功率为 120 kW、交流工频、陆用、设计序号为 18 的普通型 120 kW 柴油发电机组。

50GFS3 表示额定功率为 50 kW、交流工频、陆用、低噪声、设计序号为 3 的 50 kW 潍柴柴油发电机组。

2. 农用发电机分类

常用农用发电机分类见表 4-1。

表 4-1　常用农用发电机分类表

按发电机类型分	交流发电机	直流发电机	
		单相发电机	
		三相发电机	
按直流发电机、按整流方式分		换向器整流发电机	
		二极管整流发电机	
按原动机的不同分		汽轮发电机	
		水轮发电机	
		柴油发电机	
发电机按用途分		汽车、拖拉机用发电机	
		直流弧焊发电机	
		船用发电机	
		专门用途发电机	
		风力发电机	

中小型同步发电机名称及产品代号见表 4-2。

表 4-2　中小型同步发电机名称及产品代号

序　号	发电机名称	产品代号
1	三相同步发电机	TF
2	低频三相同步发电机	TFDP
3	中频三相同步发电机	TFZP
3	中频三相同步发电机	TFZP
4	双频三相同步发电机	TFSP
5	单相同步发电机	TFD
6	无刷单相同步发电机	TFDW
7	无刷三相同步发电机	TFW
8	感应式三相同步发电机	TFG
9	永磁式三相同步发电机	TFY
10	正弦波三相同步发电机	TFX
11	小型三相同步发电机	T2
12	船用小型三相同步发电机	T2H
13	三相同步发电机（新系列）	TFXY
14	小容量水轮发电机（卧式）	TSWN
15	小容量水轮发电机（立式）	TSN、TSCN
16	同步汽轮发电机	TQ

3. 农用发电机的结构

拖拉机和联合收割机采用的发电机有交流和直流两种类型。交流发电机均为永磁转子发电机，目前在我国广泛采用的硅二极管整流的发电机称为硅整流发电机。

发电机通常由定子、转子、端盖、机座及轴承等部件构成，如图 4-2 所示，永磁式交流发电机解体图如图 4-3 所示。

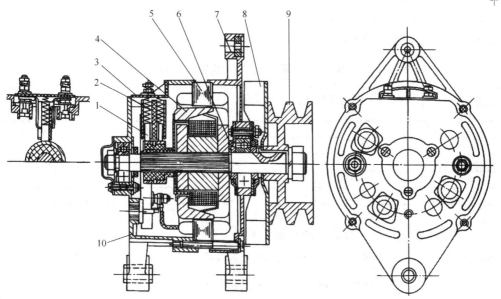

1—电刷；2—弹簧；3—盖板；4—转子总成；5—定子总成；6—定位圈；7—前端盖；8—风扇；9—带轮；10—后端盖

图 4-2　国产 JF 系列永磁式交流发电机结构图

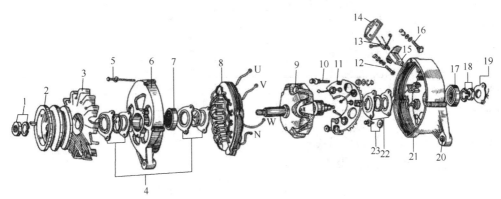

1—紧固螺母及弹簧垫圈；2—带轮；3—风扇；4—前轴承油封及护圈；5—组装螺栓；6—前端盖；7—前轴承；8—定子；9—转子；10—"+"（电枢）接柱；11—散热板；12—"－"（搭铁）接柱；13—电刷及压簧；14—电刷架外盖；15—电刷架；16—"F"（磁场）接柱；17—后轴承；18—转轴固定螺母及弹簧垫圈；19—后轴承纸垫及护圈；20—安装臂钢套；21—后端盖；22—后端盖轴承油封及护圈；23—散热板固定螺栓

图 4-3　国产 JF 系列永磁式交流发电机解体图

1）永磁式交流发电机的结构

（1）定子。

由定子铁芯、线包绕组，以及固定这些部分的其他结构件组成。定子绕组分为三个单相绕组，其首端分别接到三个火线接线柱上，其尾端连在一起接到搭铁接线柱上。

（2）转子。

转轴上固定着两块永久磁铁，每块磁铁上嵌套两片由软铁制成的爪型导磁圈。安装时，应使两块磁铁互相排斥，即导磁圈爪型铁片在轴向相邻两片的极性相同，而在径向相邻两片的极性相反。

2）永磁式交流发电机的技术参数

永磁式交流发电机的技术数据见表4-3。

表4-3 永磁式交流发电机的技术数据

型 号	额定转速下的空载电压（V）	额定功率（W）	相数	适用机型
JF30		15×2	两个单相	工农-11、东风-12
JF61	12～13	20×3	三个单相	东方红－75
JF90	24	30×3	三个单相	东方红－54
JF100	12～13	20×3	三个单相	东方红－75
JF101	12～13	20×3	三个单相	东方红－54
SFF45	16.3	30×3	三个单相	东方红－12

3）永磁式交流发电机的常见故障及排除方法

永磁式交流发电机的常见故障及排除方法见表4-4。

表4-4 永磁式交流发电机的常见故障及排除方法

常见故障	可能原因	排除方法
发电机不发电	接头引线松脱	找出松脱接头并接牢
发电机电压低	电枢绕组短路、搭铁或开路	比较各路电阻找出故障部分
	转子附有杂物	清除杂物
	发电机转速低	调整皮带的松紧度
	永磁转子退磁	充磁
发电机有噪声	定子绕组匝间短路或碰铁	检查定子绕组，排除短路或碰铁现象
	轴承缺油	清洗后加油
	轴承松动	更换轴承

4）永磁式交流发电机的使用要求

永磁式交流发电机的使用要求见表4-5。

表4-5 永磁式交流发电机的使用要求

永磁式交流发电机的使用要求	白天工作时，应拆掉发电机皮带，以防永磁转子退磁和损坏
	接线时，标有N、M、O或接地的接线柱应经总开关搭铁。若错接到照明灯上，就会造成另一个灯亮，另外两灯发暗
	负载的电压和功率必须与发电机匹配。在拖拉机上，发电机的负载是照明灯和仪表灯，若随意更换灯泡，将会造成灯光发暗或烧毁
	发电机的三组负载大小必须相同，并要同时使用。若单独使用一组或二组，会因电枢反应而使发电机输出电压下降，灯光反而暗淡
	拆装发电机时不得采用敲击的方法，拆下的永磁转子不能放在高温场所，极性不同的两磁极应用低碳钢片将其相连，以免转子退磁
	安装时，飞轮式永磁发电机要牢固可靠，保持定子和转子的同心度和气隙；由三角带驱动的Jyr-60等型永磁发电机应正确调整传动带的张紧度（一般用手压带中部、下垂10～20 mm）
	加强润滑和保养，应及时清除发电机上的泥土杂质。紧固各有关螺钉。尽可能减小轴承的磨损，使发电机气隙保持正常

4.1.2 硅整流发电机

硅整流发电机是一种三相交流发电机经三相桥式全波整流后形成的直流发电机，它与过去

第 4 章 新型农机具的控制技术

的直流发电机相比，具有结构简单、体积小、重量轻、低速充电性能好和工作可靠等优点。

1. 硅整流发电机的结构

硅整流发电机产生的是交流电，通过装在内部的硅二极管整流，输出的是直流电。硅整流发电机的结构如图 4-4 所示。

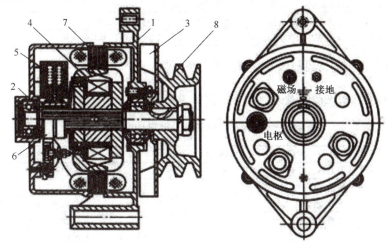

1—前端盖；2—后端盖；3—风扇；4—励磁绕组；5—碳刷架；6—滑环；7—定子总成；8—皮带轮

图 4-4　硅整流发电机的结构

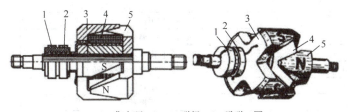

1，2—集电环；3，5—磁极；4—励磁一圈

图 4-5　转子断面与形状

（1）转子总成。

转子总成由爪形磁极、励磁绕组和集电环组成，如图 4-5 所示。用两块低碳钢制成的六个爪形磁铁压装在转子轴上。两组磁极通过转子轴与铁芯互相对置嵌合，磁爪互相交叉，互不接触。在爪形磁极内侧的空腔内装有励磁绕组，绕组的两引线分别接在与轴绝缘的两个滑环上，经过滑环、电刷和端盖外的两个接线柱形成磁极电流通路。

（2）定子总成。

定子由定子铁芯和定子绕组组成，定子铁芯由内圆带有线槽的环形硅钢片叠压而成。定子绕组采用分布式、星形接法。尾端连在一起接到中性极，首端与元件板和端盖上的二极管相接。

（3）整流器。

整流器由六只硅二极管组成。其中三只压装在后端盖内的元件板上，正极与元件板相连；另外三只装在后端盖上，其负极与端盖相连。元件板与后端盖用尼龙或其他绝缘材料隔开。从元件板引出一个接线柱至发电机外部做发电机的正极，发电机的外壳形成负极。

2. 硅整流发电机的使用要求

硅整流发电机的使用要求见表 4-6。

表 4-6　硅整流发电机的使用要求

硅整流发电机的使用要求	硅整流发电机必须与蓄电池配合使用，如果没有蓄电池供电励磁，就不能发电
	硅整流发电机一般用负极搭铁。因此，相应的调节器和蓄电池的铁极性必须一致。否则，将使整流二极管烧坏
	严禁采用试火法（电枢线柱搭铁）检查发电机是否发电，以免损坏二极管
	不得用兆欧表 8~或 220 V 交流电源检查发电机的绝缘性能，否则将使二极管击穿损坏
	发电机在高速运转时，不要突然卸载，以免损坏二极管
	发电机传动皮带张紧度要适当，过松易使皮带打滑，过紧将加速轴承磨损
	发电机每经使用 900~1000 h，应进行技术保养，不可用煤油清洗，然后加入清洁的润滑脂

3. 硅整流发电机的常见故障及其排除方法

硅整流发电机的常见故障及其排除方法见表 4-7。

表 4-7　硅整流发电机的常见故障及其排除方法

常见故障	可能原因	排除方法
发电机不发电	接线断路、短路、接触不良、接错	检修电器线路
	发电机爪松动，转子线圈烧坏	更换坏元件
	硅元件烧坏	检修或更换发电机总成
	调节器调整不当	用 00 号砂纸研磨电刷与集电环
	电刷与集电环接触不良	检修调节器
发电机充电不足	传动带松弛	调整传动带松紧度
	电刷接触不良、集电环有油污	调整清洗
	调节器调节电压太低、触点烧坏	检修调节器
	蓄电池电解液太少或硫化严重	加注电解液或更换电池
	硅元件个别断路	更换坏元件
发电机充电不稳	传动带过松	调整传动带松紧度
	导线接触不良	接牢导线
	电刷、集电环接触不良	研磨电刷与集电环
	调节器接触不良	检查触点
发电机有异常响声	轴承磨损有明显松动	更换轴承
	轴承过紧，安装不正确	校准轴承间隙，改进安装方法
	磁极松动，使磁极与电枢发生摩擦	上紧螺钉，校验空隙是否均匀
	发电机安装不当	按要求重新安装
发电机温度过高	电枢线圈短路	用短路试验器检修
	磁场线圈短路	用电桥测量电阻检修
	轴承缺油或咬住	清洗轴套并加注润滑油
	皮带张紧力过大	调整皮带松紧度
发电机烧毁	硅元件短路，转子擦铁	检修发电机
	调节器失控、线圈烧毁或触点烧毁、电压线圈或电阻接线断开	检修调节器

4.1.3　硅整流发电机的调节器

发电机由发动机驱动，发动机在工作过程中转速的变化范围很大。因此发电机转速的变化范围也很大，这就会造成发电机输出的电压不稳定，因此在采用直流发电机和硅整流发电机的拖拉机和联合收割机上都装有调节器。其作用是自动调节和控制发电机输出电压的高低、电流的大小和通断，并保证发电机正常工作。调节器一般由截流器、限流器和调压器三部分组成。

第4章 新型农机具的控制技术

硅整流发电机调节器的形式有电磁振动式（单级触点和双级触点式）、晶体管式和集成电路式。

现以目前大中型拖拉机上普遍采用的 FT-111 型调节器为例，来说明调节器的结构原理、工作过程和使用保养方法。

1. 调节器的结构原理

FT-111 型调节器是单级电磁振动触点式调节器，如图 4-6 所示。它由框梁、铁芯、调压线圈 L_1、L_2，触点 K，电阻 R_1、R_2、R_3，以及拉力弹簧灭弧装置等组成。调节器不工作时，在弹簧拉力作用下触点保持闭合。附加电阻 R_2 与触点并联，当触点 K 闭合时，电阻 R_2 被短路。

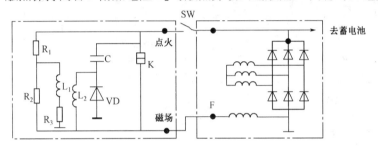

图 4-6　FT-111 型调节器

2. 调节器的工作过程

FT-111 型单级式电压调节器电路图如图 4-7 所示。在图 4-6 所示电路中主要增加了轭流线

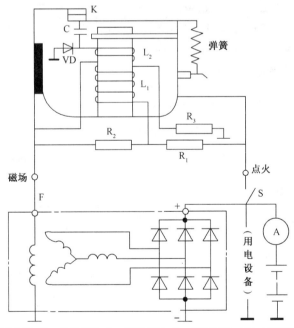

R_1—加速电阻；R_2—调节电阻；R_3—补偿电阻；L_1—磁化线圈；L_2—磁轭线圈；VD—二极管；C—电容器；K—触点

图 4-7　FT-111 型单级型电磁振动式调节器

圈 L_1、二极管和电容器组成的灭弧系统。其工作原理如下:K 打开,励磁绕组中产生很高的自感电动势,该自感电流经 VD、L_1、励磁绕组构成回路,起到了续流作用,保护了触点。与此同时,流过 L_1 和 L_2 的电流产生的电磁方向相反,产生退磁作用,可加速触点的闭合。另外,在触点两端通过 L_1,并联一电容器 C 用来吸收自感电动势,同时也减小了触点火花。

3. 调节器的技术规格

FT-111 型调节器元件的技术规格见表 4-8。

表 4-8　FT-111 型调节器元件的技术规格

名称	符号	规格	名称	符号	规格
电阻	R_1	4 Ω	线圈阻值	L_1	8 Ω
电阻	R_2	150 Ω	线圈阻值	L_2	0.29~0.31 Ω
电阻	R_3	15 Ω	电容器	C	0.1 μF
气隙		1.3~1.4 mm	二极管	VD	2CZ85 1 A

4. 调节器的使用要求

调节器的使用要求见表 4-9。

表 4-9　调节器的使用要求

调节器的使用要求	调节器必须与发电机配套使用,两者的功率电压必须一致,搭铁极性和接线方式必须相符,否则就不能正常工作
	每工作 350 h 或发现对蓄电池充电不正常时应对调节器进行检查和保养
	检查调节器时,要切断电源,看看触点是否染油、烧蚀。触点支架和绕组接头是否松动或断路、不要在故障原因未查清前就调整弹簧。比如,当电池充足电时,调节器能自动切断对蓄电池的充电电路。此时,如果不开灯,电流表指针基本指在零位,这属正常现象,不要以为出了故障而随意调整调节器
	注意保持调节器的清洁。如发现触点染油或烧蚀时,用绸子浸汽油擦干净,或用 00 号砂纸修磨。修磨时,应注意使上下触点彼此平行,相互对正

5. 调节器常见故障及排除方法

调节器的常见故障及排除方法见表 4-10。

表 4-10　调节器的常见故障及排除方法

常见故障	可能原因	排除方法
调压器触点烧毁	调压器的调压值太低	调高调压值
	限流器的限流值过大	调小限流值
	蓄电池回路断路	检查蓄电池回路的搭铁及接线,排除断路
截流器触点烧毁	截流器闭合电压过高或低	调整截流器闭合电压,使其在规定范围内
	外电路短路	排除短路
	蓄电池搭铁极性相反	改正蓄电池搭铁极性
平衡电阻烧毁	调节器调压值过高	调低电压值
	调节器搭铁不良或调压器线圈接错	修缮搭铁,检修调压器线圈
	调节器的电枢接线与磁场接线接错	改正接线
	调节器的电池接线与磁场接线接错	改正接线
调压器并联线圈烧毁	调压器调压值过高	调低电压值
	未装蓄电池	闭上蓄电池

(续表)

常见故障	可能原因	排除方法
无充电电流	调压器触点烧蚀，不导电 调节器调压值过低 限流器触点烧蚀，不导电 调压器平衡电阻断路 截流器触点烧蚀，不导电 截流器闭合电压过高，截流器不闭合	修整触点 调高调压值 修整触点 更换平衡电阻 修整触点 调低截流器闭合电压
充电电流不稳定	调压器触点轻度烧蚀 调压器附加电阻断路 限流值调整过小 截流器闭合电压过高，接近于调压值 截流器反流值过小	修整触点 更换附加电阻 调大限流值 调低截流器闭合电压 调整截流器触点间隙和反流值
充电电流过大	调压器触点烧蚀，不能正常工作 调压值过大 限流值过大 调节器电枢、磁场接线柱间短路	更换触点 调低调压值 调小限流值 排除短路
调压器触点烧毁	调压器的调压值太低 限流器的限流值过大 蓄电池回路断路	调高调压值 调小限流值 检查蓄电池回路的搭铁及接线，排除断路

4.2 启动电动机及控制电路

启动电动机由蓄电池供给电源，将电能转变为机械能，并通过啮合驱动机构带动发动机飞轮旋转，使其启动。大中型拖拉机和自走式联合收割机一般都采用直流起动机启动。它由串激式直流电动机、传动机构（离合驱动机构）和控制装置三部分组成。

4.2.1 串激式直流电动机的构造及工作原理

1. 串激式直流电动机的构造

主要由电枢（转子）、磁极（定子）、换向器、电刷、机壳和端盖等组成，电动机线路连接示意图如图 4-8 所示，2Q2C 型电动机如图 4-9 所示。

1）电枢

电枢由铁芯和电枢线圈组成，其作用是产生机械转矩。铁芯用 1 mm 厚的硅钢片叠制成圆柱形，中间孔内装有电枢轴，四周槽内嵌有电枢线圈。为了得到较大的转矩，使流经电枢线圈的电流足够大（200 A 以上），线圈多采用矩形截面的粗铜导线绕制。为防止线圈短路，在导线与铁芯之间、导线与导线之间用绝缘纸隔开。因铜线较粗，在高速旋转时的离心力作用力下易被甩出，在线圈两端通常用尼龙线带扎牢。电枢线圈按一定次序焊接在换向器铜片的凸起处，电刷在电刷架上的弹簧作用下，紧压在换向器上。

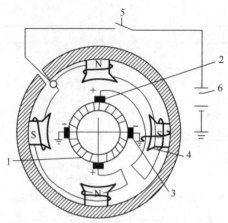

1—换向器；2—绝缘电刷；3—搭铁电刷；4—励磁绕组；5—启动开关；6—蓄电池

图 4-8　电动机线路连接示意图

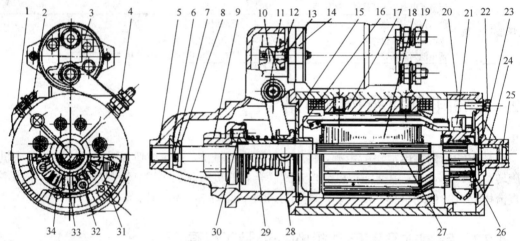

1—保护带；2—夹紧螺栓；3—电磁开关；4—输入接线柱；5—前端；6—止推垫圈；7—开口槽；8—槽形螺母；9—驱动小齿轮；10—拨叉；11—偏心螺钉；12—弹性销；13—螺栓；14—前端垫板；15—中盖板；16—绝缘垫圈；17—定子；18—电枢；19—电源接线柱；20—绝缘纸板；21—电刷架；22—对销螺钉；23—绝缘垫圈；24—粉末冶金；25—防尘堵头；26—换向器；27—电枢轴；28—移动套；29—离合器弹簧；30—单向离合器滚子；31、33—电刷；32—电刷弹簧；34—刷架螺钉

图 4-9　2Q2C 型电动机

2）磁极

磁极由铁芯和励磁绕组组成，其作用是产生磁场。铁芯通常采用 10 号钢制成，磁极一般为 4 个，相对安装，固定在壳体上。励磁绕组与电枢绕组串联连接。绕组的一端接在外壳的绝缘接线柱上，另一端与两个绝缘电阻相连，经换向器和电枢绕组再回到换向器搭铁电刷形成回路。

3）换向器

换向器又称整流子，由铜片和云母片叠压而成，压装在电枢轴上，并与轴绝缘。铜片间的绝缘云母不得低于铜片，否则会产生火花烧毁电刷和换向器，同时易加速电刷磨损，铜末聚积槽内造成短路。换向器的作用是保证同一位置进入电枢绕组的电流方向不变，使电枢定向旋转。

4）电刷

电刷由铜和石墨粉压制而成,它既有导电性,又有一定的耐磨性。电刷共有两对,相对安装的同极性,电刷安装在后端盖的电刷架内。其作用是将电流引入启动电机的励磁绕组和电枢绕组。

5)机壳

机壳的一端有长方形检查窗口,用于对电刷和换向器进行检修、平时则用防尘箍密封。

6)端盖

端盖分为前后两个。前端盖又叫安装盖,一股是铸铁件。电动机通过此盖安装在柴油发动机上。一般由铝合金压铸而成,内装电刷架和电刷。

2. 串激直流电动机的工作原理

串激式直流电动机的构造与直流发电机基本相似,其主要区别在于串励直流电动机的励磁绕组和电枢绕组是串联的,其工作原理如图4-10所示。电路接通后,励磁绕组产生磁场。此时,电枢绕组的线圈也通入电流,上半圈的电流由外向里。根据左手定则,上半圈导线所受的电磁力是向左的;下半圈正好相反。故通电后,电枢以反时针方向旋转。当线圈转过180°时,线圈的上下边位置正好交换。在换向器的作用下,电流方向不变,所以线圈的运动方向与原来相同,从而保证电枢线圈按一定方向不停地转动。

电动机在低速转动时,其反电势较小,因而加到起动机上的外电压就高,输入电流大,所以转矩也大。电动机转速升高后,其反电势增高,输入电流随之减小,所以转矩也变小。串励式直流电动机低速时具有大转矩的这一特性,使它能可靠地启动电动机。

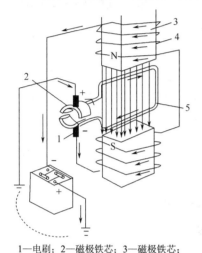

1—电刷;2—磁极铁芯;3—磁极铁芯;
4—换向器;5—电枢线圈

图4-10 串励式直流电机的工作原理

4.2.2 启动电动机的传动机构和控制装置

1. 传动机构

传动机构的作用是把电动机的扭矩通过驱动齿轮将发动机启动,并能在发动机启动后自动使发动机和电动机的传动机构分离。传动机构一般包括离合器和拨叉两部分。目前大中型拖拉机和自走式联合收割机普遍采用单向滚柱式离合器,其构造如图4-11所示。

当发动机旋转时,转矩由连接套筒传到滚柱,滚柱在套筒的带动下,进入弧状楔形槽的窄端,靠摩擦力带动小齿轮一起传动,从而带动飞轮齿圈转动,启动发动机。

发动机启动后,转速逐渐升高,飞轮齿圈带动小齿轮旋转。由于小齿轮和连接套筒同方向旋转,且速度大于连接套筒,因而带动滚柱进入槽的宽段而打滑,启动电动机电枢便不会被发动机齿圈带动高速旋转而损坏。

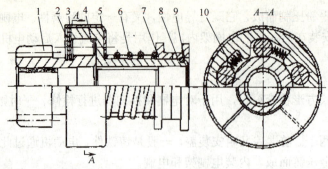

1—启动小齿轮；2—罩盖；3—挡圈；4—滚柱；5—连接套筒；6—弹簧；7、8—滑动套筒；9—弹簧挡圈；10—滚柱弹簧

图 4-11　单向滚柱离合器

2. 控制装置

启动电动机的控制装置分为机械式和电磁式两种。目前大中型拖拉机和自走式联合收割机上普遍采用电磁式控制装置，也称电磁开关。这种装置便于远距离控制，操作方便，齿轮的啮合和分离比较平稳，其构造如图 4-12 所示。

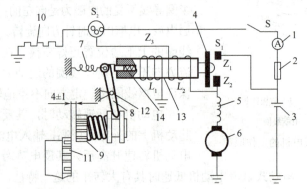

1—电流表；2—熔丝；3—电源；4—接触铜片；5—励磁绕组；6—电枢；7—回位弹簧；8—拨叉；9—起动机；10—预热塞；11—飞轮齿圈；12—偏心螺钉；13—铁芯；14—弹簧；S—电源开关；S_1—电磁开关；S_2—启动开关；L_1—保持线圈；L_2—吸引线圈；Z_1、Z_2—触点接线柱；Z_3—开关接线柱

图 4-12　2Q2C 型电动机的电磁离合器机构

启动时，当电源开关 S 闭合后，电路为蓄电池的正极→2→1→S_2→Z_3 分两路：一路为 Z_3→L_2→5→6→搭铁回蓄电池负极；另一路为 Z_3→L_1→搭铁回蓄电池负极。此时保持线圈 L_1 和吸引线圈 L_2 均有电流通过，且方向一致，使铁芯产生磁力并克服回位弹簧的弹力，向触点方向移动，同时带动拨叉把启动小齿轮推向飞轮齿圈。

当小齿轮和飞轮齿因完全啮合后，接触铜片和两触点接触，大量的电流流经励磁线圈和电枢线圈，使电动机全力带动发动机旋转，这时，吸引线圈 L_2 被短路失去作用，只有保持线圈 L_1 使电磁开关 K_1 保持闭合。

发动机着火后，启动开关 S_2 断开，在最初瞬间，电路为蓄电池正极→Z_1、Z_2→L_2→L_1 搭铁回蓄电池负极。此时线圈 L_1、L_2 电流方向相反，从而产生反向磁通，使磁铁失去电磁吸力，铁芯在回位弹簧作用下复位，S_1 断开。电动机停止工作。

4.2.3 启动电动机的正确使用方法

（1）经常检查各部位的连接状态及导线的紧固情况。
（2）要及时清除导线、接线柱上的气化物及电动机外部的灰尘、油污，保持干净。
（3）冬天启动时应先将发动机充分预热后才能使用启动电动机。
（4）每次启动时间不得超过 10 s，如一次启动不成功，间隔 2 min 后再启动，以防电动机因启动时间过长而烧毁。
（5）发动机启动后，应立即松开启动开关，以避免不必要的空转，减少单向离合器的磨损。
（6）应严格按照保养规程及时对启动电动机进行保养。一般每工作 900~1000 h 后，应拆下启动电动机进行检修，检查换向器和电刷的磨损情况，并对轴承等活动部位加注润滑油。

4.2.4 启动电动机的常见故障及排除方法

启动电动机的常见故障及排除方法见表 4-11。

表 4-11 启动电动机的常见故障及排除方法

常 见 故 障	可 能 原 因	排 除 方 法
启动电动机不运转	蓄电池容量不足 蓄电池极桩太脏、电缆松动 电缆松动、搭铁线锈蚀 点火开关等控制电路断路 启动电机内部断路、搭铁	充电 清除脏物 紧固接头 检查电路 检修电动机
启动电动机启动无力，不能启动发动机	蓄电池容量不足 电缆线接触不良 整流子表面烧损、有油污	向蓄电池充电 调整 清除油污
松开启动开关，启动电动机继续旋转	开关主触点黏死	检查开关内部主触点，砂光其表面烧毛不平处

4.3 磁电机和火花塞及控制电路

在充电条件困难的地方，可使用小汽油机来启动柴油发动机，这就需要用磁电机和火花塞作为高压点火装置。国产拖拉机中，东方红-75 和铁牛-55 等拖拉机均采用这种结构。

4.3.1 磁电机的结构、工作原理和主要技术参数

1. 磁电机的结构及工作原理

磁电机的结构和原理如图 4-13（a）、（b）所示。

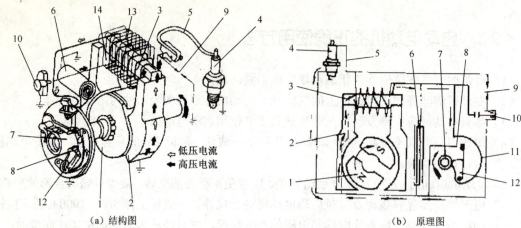

(a) 结构图　　　　　　　　　　　　　　　　(b) 原理图

1—永久磁铁转子；2—铁芯极掌；3—铁芯；4—火花塞；5—高压线；6—电容器；7—断电凸轮；8—固定触点；
9—安全火花间隙；10—断电按钮；11—弹簧片；12—带活动触点的断电臂；13—初级绕组；14—次级绕组

图 4-13　磁电机原理图

当永磁转子旋转时，两个磁极轮流地趋近或离开蹄形铁芯的极掌，使铁芯中产生交变磁场，从而在初级绕组中感应出交变的电动势。当初级绕组电路中的触点闭合时，初级绕组中就有电流通过。当这个电流达到最大值时，该电流在铁芯中建立的磁通也达到最大值。此瞬间，将触点突然打开，初级绕组中的电流将迅速消失，于是这个电流所建立的磁场也要迅速消失。因此在初级绕组中将产生数百伏的自感电动势，根据电磁原理在次级绕组中将产生达数万伏的互感电动势（但电流小），在此高电压的作用下，火花塞的电极间隙被击穿而产生火花，点燃气缸内的混合气。

2. 常用磁电机的技术数据

常用磁电机的技术参数见表 4-12。

表 4-12　常用磁电机的技术参数

型　号		C210	C210B	C422
旋转方向		右		右
设计点火提前角		27°		25°
初级绕组	线径（mm）	0.72		1
	匝数	235		155
次级绕组	线径（mm）	0.25~0.35		0.08
	匝数	13000		11000
触点间隙（mm）		0.25~0.35		0.25~0.35
带有加速器的点火滞后角		—		20°~27°
自动提前点火角		18°		—
最低连续发火转速（r/min）		200		200
适用机型		东方红-75	铁牛-55	东方红-75

4.3.2 火花塞的结构和主要技术参数

1. 火花塞的结构

火花塞用来产生电火花,主要由中心电极、侧电极和瓷绝缘体等组成,如图4-14所示。

火花塞通过螺纹被固定在启动机气缸盖上。铜垫圈对启动机气缸内高压、高温燃烧气体起着密封作用,安装时,如漏装这个垫圈,不但影响起动机的功率,还会因为高温气体的泄漏而烧坏火花塞,中心电极和侧电极之间的合理间隙为0.6~0.7 mm。

2. 常用火花塞的技术数据

常用火花塞的技术数据见表4-13。

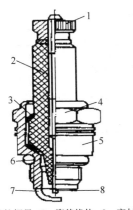

1—接线柱螺母;2—瓷绝缘体;3—密封线圈;4—接头螺母;5—壳体;6—铜垫圈;7—侧电极;8—中心电极

图4-14 火花塞结构

表4-13 常用火花塞的技术数据

单位:mm

型号	旋入部分尺寸		绝缘体下部分长度	热范围	电极间隙	适合扳手	适用机型
	螺纹	长度					
8Z2	M18×1.55	18	22	热型	0.6~0.7	26	东方红-28型
4Z5	M14×1.25	14	11	中型	0.6~0.7	22	AK-10、AK-10MA型起动机

4.3.3 磁电机点火装置的正确使用方法

(1)磁电机在使用过程中,应注意触点的清洁,并保持正确的触点间隙和点火角度,发现触点沾染油污时,应用绸子浸汽油或酒精擦拭,不可用棉纱或纸擦拭。

(2)拆装磁电机时不得采用敲击的方法。拆下的永磁转子不能放在高温场所,两磁极应用低碳钢片将其相连,以免转子退磁。

(3)定期清除火花塞电极之间的积碳,中心电极与侧电极的间隙应保持在0.6~0.7 mm范围内,必要时应予以调整。

(4)连接火花塞的高压线不应过长,一般不超过1 m。

(5)磁电机工作100 h后,应向注油孔内注入3~5滴机油。工作500 h后,应清洁凸轮和凸轮轴,在润滑油毡上加2滴薄机油,并更换轴承的润滑脂。

(6)高压线应经常保持清洁,不得粘油、沾水以免漏电。

4.3.4 磁电机点火装置的常见故障及排除方法

磁电机点火装置的常见故障及排除方法见表4-14。

表 4-14 磁电机点火装置的常见故障及排除方法

常见故障	可能原因	排除方法
火花塞不能产生火花	配电器损坏 断电器开启时间不对 电容器击穿 火花塞积碳或电极间隙不适合 初级线圈断路 低压电路断路	更换配电器 调整开启时间 更换电容器 清除积碳、调整电极间隙 检修线圈 修理或更换电路故障部件
火花塞的火花微弱	触点间隙不当 触点表面接触不良 火花塞电极间隙小，电极间出现积碳 磁电机线圈受潮 永磁转子磁性减弱 电容器内部断路或搭铁不良 高压导线与插座接触不良 线圈匝间短路	调整间隙 用白金砂条修整触点 调整间隙在 0.6～0.7 mm 取下线圈进行烘干 充磁 更换电容器，检查搭铁情况 检查接触，检修或更换插座 检修线圈

4.4 新型农机具的典型电路图和性能参数

1. 碧浪 4LZ-2.0（湖州 200）全喂入联合收割机电路图

碧浪 4LZ-2.0 型（湖州 200）全喂入联合收割机电路图如图 4-15 所示。

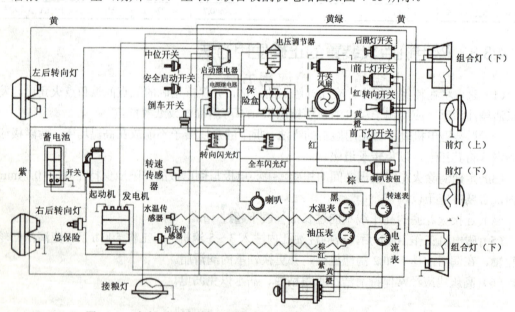

图 4-15 碧浪 4LZ-2.0 型（湖州 200）全喂入联合收割机电路示意图

2. 碧浪 4LZ-2.0（湖州 200）全喂入联合收割机性能参数

（1）整机结构型式：履带式全喂入示意如图 4-16 所示。
外型尺寸（长×宽×高（m×m×m））：4.4×2.3×2.7
净重（kg）：2300

第 4 章 新型农机具的控制技术

图 4-16 碧浪 4LZ-2.0（湖州 200）全喂入联合收割机示意图

（2）基本参数

① 发动机

型号：495/498

型式：立式水冷 4 缸柴油机

输出功率/转速（kW/r/min）：36.7(45)/2400

② 行走机构

履带规格：350×48×90/400×48×90

③ 工作部件

割幅（mm）：2000（1800，2200）

输送方式：链条输送/皮带输送

④ 脱粒部件

滚筒型式轴流钉齿式

脱粒筒直径×长度（mm）：550×1285

清选方式振动鼓风、二次处理

粮箱形式：大粮箱加小出口

粮箱容量（L）：850

收割效率（亩/小时）：4～8

总损失率（%）：≤3（水稻）≤1.2（小麦）

含杂率（%）：≤1.8

破碎率（%）：≤1.5（水稻）≤1.0（小麦）

使用可靠性（%）：≥93

适应高度范围（mm）：550～1100

倒伏适应性（度）顺割：45°以下，逆割：60°以下

喂入量：2kg

4.5 新型农机具的传动方式和技术参数

4.5.1 新疆-2 谷物联合收割机传动方式

谷物联合收割机动力传递路线可分两大类：一类是动力从发动机曲轴一端输出，另一类是

动力从发动机曲轴两端输出。

以新疆-2型为代表的双滚筒自走式联合收割机的动力由发动机左侧动力输出轴输出。新疆-2型动力输出皮带轮有六个V形槽，分四路把动力输送出去。其中，三联带将动力传递给工作部件，一根C形带将动力传给液压泵；一根C形带将动力传给卸粮皮带轮；一根特型皮带将动力传给行走无级变速皮带轮（如图4-17、图4-18所示）。

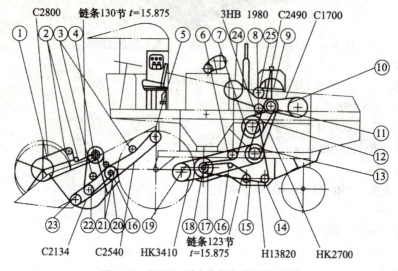

图4-17 新疆-2联合收割机左侧传动图

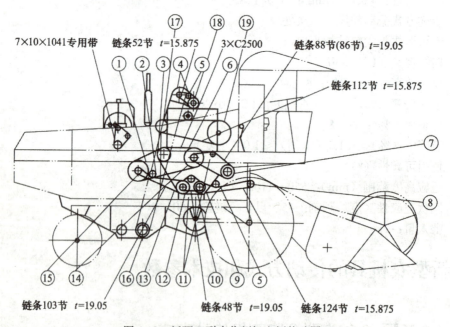

图4-18 新疆-2联合收割机右侧传动图

新疆-2型联合收割机传动技术参数见表4-15和表4-16。

表 4-15 新疆-2 型联合收割机右侧传动技术参数

序号	名　　称	额定转速（r/min）	计算直径（mm）或齿数
1	中间轴输出带轮	848	290 或 265
2	第二分配搅龙传动链张紧辊轮	—	88
3	轴流滚筒传动带张紧轮	—	180
4	升运器刮板输送链被动链轮	410 或 327	$Z=9$　$t=38.1$
4	升运器被动轴输出链轮	410 或 327	$Z=17$　$t=15.875$
4	卸粮搅龙输入链轮	410 或 327	$Z=17$　$t=15.875$
5	卸粮搅龙传动链张紧辊轮	—	88
5	过桥主动轴传动链张紧辊轮	—	88
6	轴流滚筒输入带轮	727	290
7	板齿滚筒输入链轮	522　639　736　900	$Z=31$　$t=19.05$
7	板齿滚筒输入链轮	427　523　602　737	$Z=22$　$t=19.05$
8	过桥主动轴输入链轮	509	$Z=22$　$t=15.875$
9	第一分配搅龙轴输入链轮	320	$Z=22$　$t=19.05$
10	第一分配搅龙轴输出链轮	320	$Z=22$　$t=15.875$
10	板齿滚筒驱动链张紧辊轮	—	88
11	第一分配搅龙驱动链张紧辊轮	—	88
12	第二分配搅龙输出链轮	391	$Z=18$　$t=19.05$
13	第二分配搅龙输入链轮	391	$Z=39$　$t=19.05$
14	轴流滚筒输入链轮	900	$Z=18$ 或 $Z=22$　$t=19.05$
15	中间轴输出链轮	848	$Z=18$　$t=19.05$
16	升运器刮板输送链主动链轮	410	$Z=9$　$t=38.1$
17	卸粮中间轴输出链轮	808	$Z=17$　$t=15.87$
18	卸粮传动链张紧辊链轮	—	88
19	底搅龙链轮	235	$Z=35$　$t=15.875$

表 4-16 新疆-2 型联合收割机左侧传动技术参数

序号	名　　称	额定转数（r/min）	计算直径（mm）或齿数
1	拨禾轮输入带轮	21～34	400
2	拨禾轮传动带张紧轮	—	125
3	过桥和摆环箱传动带张紧轮	—	125
4	拨禾轮中间轴无级变速输出带轮	90.7	100～160
5	过桥主动轴输出带轮	509	200
6	清选传动带张紧轮	—	160
7	中间轴复合带轮清选输出带轮	848	240
8	主离合器张紧轮	—	180
9	动力输出带轮行走输出带轮	2000	240
10	齿轮油泵输入带轮	1088	300
11	动力输出带轮联组带轮	2000	170
11	动力输出带轮齿输泵传动带轮	2000	170
12	中间轴复合三角皮带轮联组带输入轮	848	385
13	行走无级变速器带轮输入轮	1400～2085	221～329
14	复脱器输入带轮	1302	150
15	籽粒搅龙输入链轮	410	$Z=13$　$t=15.875$

(续表)

序号	名称	额定转数（r/min）	计算直径（mm）或齿数
16	籽粒搅龙传动链张紧辊轮	—	88
17	双风道横流风扇带轮	—	—
18	离心风扇输出链轮	—	—
19	变速箱输入带轮	943～2091	315
20	过桥中间轴输出链轮	391	$Z=13$ $t=15.875$
21	过桥中间轴输入带轮	391	250
21	过桥中间轴输入带	391	250
22	喂入搅龙输入链轮	145	$Z=35$ $t=15.875$
23	摆环箱输入带轮	469	200
24	卸粮皮带轮	808	404
25	卸粮传动带张紧轮	—	125

4.5.2 新疆-2型联合收割机主要技术参数

新疆-2型联合收割机主要技术参数见表4-17。

表4-17 新疆-2型联合收割机主要技术参数

项目	单位	规格或型式
结构型式	/	履带式全喂入
配套动力	kW	36.71
纯工作小时生产率	hm2/h	0.26～0.54
每公顷燃油消耗量	kg/hm2	22～42
工作状态外形尺寸	mm	4600×2600×2700
结构重量	kg	2300
割幅	mm	2000
喂入量	t/h	7.2
最小离地间隙	mm	250
作业前进速度	m/s	0.5～1.2
害组刀行程	mm	76.2
割台搅龙型式	/	伸缩式横向输送搅龙
割台搅龙外径	mm	F 490
拨禾轮型式	/	偏心拨齿式
拨禾轮直径	mm	F 900
拨禾轮杆数	个	5
输送带型式	/	皮带耙齿式
脱粒滚筒型式	/	轴流钉齿式

4.6 新型农机具的使用与保养方法

农机具在使用中的正确维护与保养应该做到：

（1）大多数农机具的作业环境非常恶劣，农机具所受到的腐蚀、磨损、振动等都比较大，使用与维护不当容易发生故障，影响农机具的使用寿命，因此作业后必须及时清理农机具。

（2）润滑有减缓磨损、减少摩擦损失、净化摩擦表面、防止零件表面氧化和腐蚀等作用。必须做到按照农机具保养维护规则，对农机具按时加油、换油，油质要符合不同农机具和不同部位的零部件要求，要定期清洗农机具的各润滑系统，确保润滑油路畅通。

（3）检查农机具。农机具运转之前，检查是否有松动等现象，如有应及时排除。保持农机具的良好技术状态，使农机具在农业生产作业中充分发挥其效率。经常观察，查看农机具的各零部件是否处于正常的静止、运动状态，一旦发生异常，要立即查找故障原因，排除故障。如果听到非正常的响声，应立即停机，仔细检查发生响声的原因，进行合理维修，排除故障。

4.6.1 农机具的使用、维护与保养

1. 农机具的使用具体要求

农机具使用的具体要求见表 4-18。

表 4-18 农机具使用的具体要求

农机具使用的具体要求	在使用农机具前必须经过严格的技术培训。要掌握农机具的使用范围、工作原理、性能结构、交通法律法规
	正确使用操作农机具、合理安装调整农机具、维护保养农机具、排除农机具的故障；并熟悉农机具的使用说明书，做到正确安装、合理调整，使农机具经常处于良好的技术状态
	严格遵守操作规程，正确使用，合理操作，保证农机具经常处于良好的技术状态；严禁农机具超负荷作业，经常在超负荷情况下使用农机具，这样势必缩短了农机具的使用寿命，甚至造成严重的机械事故和人身伤害事故
	农机具的合理配置。各种农机具之间要合理配置，农机具之间的加工精度要统一，否则就不能达到作业质量要求；农业机械的一些配套设备（设施）一定要齐全

2. 农机具维护的具体要求

农机具维护的具体要求见表 4-19。

表 4-19 农机具维护的具体要求

农机具维护的具体要求	清除污垢、泥土和缠绕在工作部件上的杂草等
	检查工作部件的状态和各部分安装调整的正确性
	检查农机具各零部件有无丢失，检查并紧固所有螺帽
	对需要的部位按要求添加润滑油（脂）
	更换失效的易损零部件

3. 农机具保养的具体要求

农机具保养的具体要求见表 4-20。

表 4-20 农机具保养的具体要求

农机具保养的具体要求	保管农机具的场所应经常保持清洁，无积水、无油污、无杂草等
	室内农机具库房要保持通风、透光，避免潮湿
	农机具保管之前应进行彻底清洗，除掉泥土、杂草和油污，并向各润滑点加注润滑油
	农机具容易腐蚀的部位和生锈后对工作有直接影响的部件，应涂抹防腐油（漆）
	露天停放的农机具应用砖石垫起，使其不与地面接触；容易腐蚀变形的零部件，应拆下清洗，存放室内妥善保管

4.7 新型农机具的常见故障及其排除方法

联合收割机的故障与排除方法见表 4-21。

表 4-21 联合收割机的故障与排除方法

故障现象	故障原因	排除方法
割刀阻塞	遇到木棍、石头等物 割刀间隙过大 割茬过低，割刀速度低 护刃器、定刀片等零件损坏 割刀输送带松	停车，清除障碍物 调整割刀间隙 提高割茬转速 更换刀片 张紧传动带
割台前部堆积作物	作物太矮 拨禾轮太偏前，不能有效地将作物拨向搅龙 割刀输送齿条坏	尽量降低割茬收割 把拨禾轮往后调，拨齿不要与搅龙相碰 修复或更换
拨禾轮缠草	拨禾轮太低 拨禾轮向后倾斜角度太大，拨齿挂草	按规定调整 调整拨禾轮角度
割台喂入口处搅龙翻草	伸缩杆调整不当 割台底板变形	调整调节块 校正
割台搅龙堵塞	作物太矮，喂入不均匀 喂入量太大 搅龙传动带松 割台底板变形 搅龙浮动不灵活	尽量降低割茬 降低前进速度，提高割茬，减少割幅 张紧 校正 调整弹簧，检查清理浮动
输送带堵塞	传动带松 喂入量过大 耙齿脱落 输送带松	张紧传动带 控制喂入量 装回耙齿 张紧输送带
脱粒滚筒堵塞	传动带松 喂入量不均匀 喂入量过大 滚筒转速低 导向板脱落	张紧传动带 操作中控制割台喂入均匀 降低前进速度 用大油门工作 选择成熟干燥的收割
排草轮堵塞	传动带松 喂入量过大 茎秆潮湿	张紧传动带 降低前进速度 选择干燥成熟的谷物收割
出谷搅龙堵塞	出料不顺畅 茎秆潮湿，谷物含杂草 传动带过松或安全离合器	开关手柄要拉到位，及时换包 减少喂入量，大油门工作 张紧传动带，调整离合器
输送带跑偏	两边皮带张紧不匀	调整

4.8 思考题与习题

1. 简述农用发电机分类。
2. 永磁式交流发电机的常见故障及排除方法是什么？
3. 硅整流发电机的常见故障及其排除方法是什么？
4. 硅整流电机的调节器的工作过程是什么？
5. 硅整流电机的调节器常见故障及排除方法是什么？
6. 启动电动机的正确使用方法是什么？
7. 启动电动机的常见故障及排除方法是什么？
8. 磁电机点火装置的正确使用方法是什么？
9. 磁电机点火装置的常见故障及排除方法是什么？
10. 新型农机具的常见故障及其排除方法是什么？

第 5 章 农用电焊机与电动工具

5.1 农用电焊机的类型、结构和技术参数

农用电焊机较多是手工电弧焊机，较常见的为弧焊变压器和弧焊整流器。电焊机是利用电能加热使得金属熔解，实现金属焊接的一种加工设备。电焊机（Electric Welding Machine）实际上就是具有下降外特性的变压器，将 220 V 和 380 V 交流电变为低压的直流电，电焊机一般按输出电源种类可分为两种，一种是交流电源的；一种是直流电的。直流的电焊机可以说也是一个大功率的整流器，分正负极，交流电输入时，经变压器变压后，再由整流器整流，然后输出具有下降外特性的电源，输出端在接通和断开时会产生巨大的电压变化，两极在瞬间短路时引燃电弧，利用产生的电弧来熔化电焊条和焊材，冷却后来达到使它们结合的目的。焊接变压器有自身的特点，外特性就是在焊条引燃后电压急剧下降的特性。

1. 电焊机的型号组成及意义

根据国家标准 GB/T 10249—2010，电焊机型号组成及意义如下（见表 5-1）：

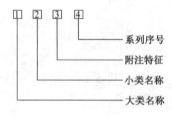

表 5-1 常用电焊机的型号组成及意义

产品名称	第一字母		第二字母		第三字母		第四字母	
	代表字母	大类名称	代表字母	小类名称	代表字母	附注特征	数字序号	系列序号
电弧焊机	B	交流弧焊机（弧焊变压器）	X	下降特性	L	高空载电压	省略 1 2 3 4 5 6	磁放大器或饱和电抗器式 动铁芯式 串联电抗器式 动圈式 晶闸管式 变换抽头式
			P	平特性				
	A	机械驱动的弧焊机（弧焊发电机）	X	下降特性	省略 D Q C T H	电动机驱动 单纯弧焊发电机 汽油机驱动 柴油机驱动 拖拉机驱动 汽车驱动	省略 1 2	直流 交流发电机整流 交流
			P	平特性				
			D	多特性				
	Z	直流弧焊机（弧焊聚流器）	X	下降特性	省略	一般电源	省略 1 2 3 4 5 6 7	磁放大器或饱和电抗器式 动铁芯式 动线圈式 晶体管式 晶闸管式 变换抽头式 逆变式
			P	平特性	M	脉冲电源		
					L	高空载电压		
			D	多特性	E	交直流两用电源		
	M	埋弧焊机	Z	自动焊	省略	直流	省略 1 2 3 9	焊车式 横臂式 机床式 焊头悬挂式
			B	半自动焊	J	交流		
			U	堆焊	E	交直流		
			D	多用	M	脉冲		
	N	MIG/MAG焊机（熔化极惰性气体保护弧焊机/活性气体保护弧焊机）	Z	自动焊	省略	直流	省略 1 2 3 4 5 6 7	焊车式 全位置焊车式 横臂式 机床式 旋转焊头式 台式 焊接机器人 变位式
			B	半自动焊	M	脉冲		
			D	点焊				
			U	堆焊				
			G	切割	C	二氧化碳保护焊		
电弧焊机	W	TIG焊机	Z	自动焊	省略	直流	省略 1 2 3 4 5 6 7 8	焊车式 全位置焊车式 横臂式 机床式 旋转焊头式 台式 焊接机器人 变位式 真空充气式
			S	手工焊	J	交流		
			D	点焊	E	交直流		
			Q	其他	M	脉冲		

(续表)

产品名称	第一字母		第二字母		第三字母		第四字母	
	代表字母	大类名称	代表字母	小类名称	代表字母	附注特征	数字序号	系列序号
电弧焊机	L	等离子弧焊机/等离子弧切割机	G H U D	切割 焊接 堆焊 多用	省略 R M J S F E K	直流等离子 熔化极等离子 脉冲等离子 交流等离子 水下等离子 粉末等离子 热丝等离子 空气等离子	省略 1 2 3 4 5 8	焊车式 全位置焊车式 横臂式 机床式 旋转焊头式 台式 手工等离子
电渣焊接设备	H	电渣焊机	S B D R	丝板 板极 多用极 熔嘴				
	H	钢筋电流压力焊机	Y		S Z F 省略	手动式 自动式 分体式 一体式		
电阻焊机	D	点焊机	N R J Z D B	工频 电容储能 直流冲击波 次级整流 低频 逆变	省略 K W	一般点焊 快速点焊 网状点焊	省略 1 2 3 6	垂直运动式 圆弧运动式 手提式 悬挂式 焊接机器人
	T	凸焊机	N R J Z D B	工频 电容储能 直流冲击波 次级整流 低频 逆变			省略	垂直运动式
	F	缝焊机	N R J Z D B	工频 电容储能 直流冲击波 次级整流 低频 逆变	省略 Y P	一般缝焊 挤压缝焊 垫片缝焊	省略 1 2 3	垂直运动式 圆弧运动式 手提式 悬挂式
	U	对焊机	N R J Z D B	工频 电容储能 直流冲击波 次级整流 低频 逆变	省略 B Y G C T	一般对焊 薄板对焊 异形截面对焊 钢窗闪光对焊 自行车轮圈对照 链条对焊	省略 1 2 3	固定式 弹簧加压式 杠杆加压式 悬挂式

（续表）

产品名称	第一字母		第二字母		第三字母		第四字母	
	代表字母	大类名称	代表字母	小类名称	代表字母	附注特征	数字序号	系列序号
螺柱焊机	K	控制器	D F T U	点焊 缝焊 凸焊 对焊	省略 F Z	同步控制 非同步控制 质量控制	1 2 3	分立元件 集成电路 微机
	R	螺柱焊机	Z S	自动 手工	M N R	埋弧 明弧 电容储能		
摩擦焊接设备	C	摩擦焊机	省略 C Z	一般旋转式 惯性式 振动式	省略 S D	单头 双头 多头	省略 1 2	卧式 立式 倾斜式
电子束焊机	E	电子束焊枪	Z D B W	高真空 低真空 局部真空 真空外	省略 Y	静止式电子枪 移动式电子枪	省略 1	二极枪 三极枪
光束焊接设备	G	光束焊机	S	光束			1 2 3 4	单管 组合式 折叠式 横向流动式
	G	激光焊机	省略 M	连续激光 脉冲激光	D Q Y	固体激光 气体激光 液体激光		

2. 电焊机的用途

常用电焊机的用途见表 5-2。

表 5-2 常用电焊机的用途

常用电焊机	用途
交流手工弧焊机	主要焊接 2.5 mm 上以钢板
氩弧焊机	焊接 2 mm 以下的合金钢
直流焊机	焊接生铁和有色金属
二氧化碳保护焊机	焊 2.5 mm 以下的薄材料
埋弧焊机	焊接 H 钢、桥架等大型钢材
对焊机	以焊索链等环型材料为主
点焊机	以点焊方式将两块钢板焊接
高频直缝焊机	以焊接管子直缝（如水管等）为主
滚焊机	以滚动形式焊接罐底等
铝焊机	专门焊接铝材
闪光压焊机	焊铜铝接头等材料
激光焊机	可以焊接三极管内部接线

3. 交流弧焊机的结构和技术参数

目前常用交流弧焊机为动铁芯式、串联电抗器式和动线圈式结构，其结构分别如图 5-1 至

图 5-3 所示。表 5-3 至表 5-5 为其技术参数。

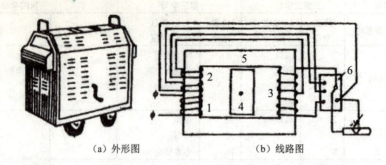

(a) 外形图　　　　　　(b) 线路图

1—初级绕组；2、3—次级绕组；4—动铁芯；5—静铁芯；6—接线板；7—摇把

图 5-1　BX1（动铁芯式）交流弧焊机

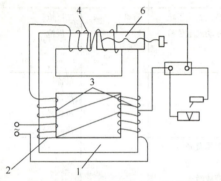

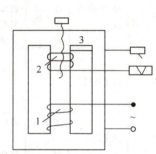

1—固定铁芯；2—初级绕组；3—次级绕组；4—电抗线圈；5—活动铁芯　　　1—初级线圈；2—次级线圈；3—铁芯

图 5-2　BX2（串联电抗器式）焊机结构示意图　　　图 5-3　BX3 型（动圈式）焊机结构示意图

表 5-3　BX1 系列动铁芯式交流弧焊机的技术参数

项目＼型号	BX1-135	BX1-330	BX1-500
电源电压（V）	220 或 380	220 或 380	380
二次空载电压（V）	60～75	60～75	60
二次工作电压（V）	30	30	30
额定负载率（%）	65	65	60
额定焊接电流（A）	135	220	500
电流调节范围（A）	25～1150	50～450	50～680
额定输入容量（kW）	8.7	21	31
效率（%）	78	80	81.5
功率因数	0.48	0.5	0.61
额定一次电流（A）	41 或 23.5	96 或 56	82.5
外形尺寸 长×宽×高（mm×mm×mm）	780×475×628	882×577×786	880×518×751

表 5-4 BX2 系列串联电抗器式交流弧焊机的技术参数

型号 项目	BX2-500	BX2-700	BX2-1000
电源电压（V）	220 或 380	220 或 380	220 或 380
二次空载电压（V）	80	72	69
二次工作电压（V）	45.5	43	42
额定负载率（%）	60	60	60
额定焊接电流（A）	500	700	1000
电流调节范围（A）	200～600	250～900	400～1200
额定输入容量（kW）	42	56	76
效率（%）	87	87	90
功率因数	0.62	0.62	0.62
额定一次电流（A）	190 或 110	245 或 147	340 或 196
外形尺寸 长×宽×高（mm×mm×mm）	950×818×1215	950×818×1215	950×818×1215

表 5-5 BX3 系列动圈式交流弧焊机的技术参数

型号 项目		BX3-120			BX3-300			BX3-500		
电源电压（V）		220 或 380			220 或 380			220 或 380		
工作电压（V）		25			30			30		
额定负载率（%）		60			60			60		
功率因数		0.45			0.53			0.52		
电流调节范围（A）	接法 I	20～55			40～125			60～190		
	接法 II	50～160			115～400			170～670		
空载电压（V）	接法 I	75			75			70		
	接法 II	65			60			60		
各负载率时		100	60	35	100	60	35	100	60	35
输入容量（kW）		6.5	8.2	11	15.9	20.5	27.5	25.8	33.2	44.5
一次电流（A）	220 V	29.5	37.2	50	72.5	93.5	125	117	151	202
	380 V	17	21.5	29	41.5	54	72	68	87.4	117
二次电流（A）		93	120	160	232	300	400	388	500	670
外形尺寸 长×宽×高（mm×mm×mm）		485×480×630			520×525×800			587×560×883		

4．弧焊整流器的结构和技术参数

由于整流或直流弧焊机与直流弧焊发电机比较，因没有机械旋转部分，具有噪声小，空载损耗小、效率高、成本低和制造维护简单等优点。因此，目前直流弧焊发电机已经被弧焊整流器取代。在这里只介绍整流式直流弧焊机。整流式直流弧焊机常用型号如 ZXG-300、ZXG-500 等。硅整流电弧焊机是利用硅半导体整流元件（二极管）将交流电变为直流电作为焊接电源。图 5-4 为硅整流电弧焊机的结构图。表 5-6 为 ZXG 系列弧焊整流器的技术参数。

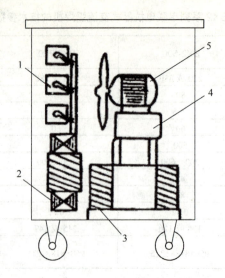

1—硅整流器组；2—三相变压器；3—三相磁饱和电抗器；4—输出电抗器；5—通风机组

图 5-4　硅整流电弧焊机

表 5-6　ZXG 系列弧焊整流器的技术参数

型　号	额定容量（kW）	初级电压（V）	工作电压（V）	额定电流（A）	电流调节范围（A）	负载持续率（%）	质量（kg）	主要用途
ZXG7-300	23	380	25～30	300	20～300	60	200	
	34	380	24～40	500	40～500	60	175	
ZXG-1000R	100	380	25～45	1000	100～1000	80	820	埋弧焊、碳弧气刨电源
ZXG-1250R	123.3	380	30～44	1250	250～1250	60	820	具有下降电压特性：埋弧焊电源，碳弧切割电源

5. 电弧焊辅助设备的规格和主要技术数据

电弧焊辅助设备和工具包括电焊钳、焊接电缆等。

（1）电焊钳的规格和主要技术数据。

电焊钳是夹持焊条并传导焊接电流的操作器具。对电焊钳的要求是：在任何斜度都能夹紧焊条；具有可靠的绝缘和良好的隔热性能；电缆的橡胶包皮应伸入到钳柄内部，使导体不外露，起到屏护作用；轻便、易于操作。电焊钳的规格和主要技术数据见表 5-7。

表 5-7　电焊钳的规格和主要技术数据

规格（A）	额定值			适用焊条直径（mm）	耐电压性能（V/min）	能连接的最大电缆截面（mm²）
	负载持续率（%）	工作电压（V）	工作电流（A）			
500	60	40	500	4.0～8.0	1000	95
300	60	32	300	2.5～5.9	1000	50
100	60	26	160	2.0～4.0	1000	35

(2)焊接用电缆的选用。

在工作中除焊接设备外,还必须有焊接电缆。焊接电缆应采用橡皮绝缘多股软电缆,根据焊机的容量,选取适当的电缆截面,选取时可参考表 5-8。如果焊机距焊接工作点较远,需要较长电缆时,应当加大电缆截面积使在焊接电缆上的电压降不超过 4 V,以保证引弧容易及电弧燃烧稳定。不允许用扁铁搭接或其他办法来代替连接焊接的电缆,以免因接触不良而使回路上的压降过大,造成引弧困难和焊接电弧的不稳定。

表 5-8 焊接用电缆的选用

最大焊接电流(A)	200	300	450	600
焊接电缆截面积(mm²)	25	50	70	95

焊机和焊接手柄与焊接电缆的接头必须拧紧,表面应保持清洁,以保证其良好的导电性能。不良的接触会损耗电能,还会导致焊机过热将接线板烧毁或使电焊钳过热而无法工作。

5.2 农用电动工具用单相串励电动机的类型、结构和参数

单相串励电动机是将转子绕组与定子绕组串联后接到电源上,可以使用直流电源,也可使用交流电源,故又称为交直流两用电动机。单相串励电动机采用换向器结构,本质上属直流电动机范畴。

串励电动机具有启动转矩大、过载能力强、调速方便、体积小、重量轻等很多优点,在电动工具和家用电器中普遍使用,例如电钻、电刨、电吹风、电动缝纫机、吹尘机、多功能食物切削机、豆浆机、榨汁搅拌机、电动按摩器、电推子等均采用单相串励电动机。

1. 农用单相串励电动机的基本结构

单相串励式电动机的结构与电磁式直流电动机相似,也是由定子(凸极铁芯和励磁绕组)、转子(隐极铁芯、电枢绕组、换向器及转轴)和结构件(机座、端盖)等组成,如图 5-5 所示。励磁绕组与电枢绕组之间通过电刷和换向器形成串联回路。

定子:凸极形状的硅钢片叠压而成,嵌有励磁绕组。励磁绕组与电枢绕组的串联方式有两种:电枢绕组串接在两个励磁绕组中间,如图 5-6(a)所示;另一种,两个励磁绕组串联后与电枢绕组串联,如图 5-6(b)所示。

转子(电枢):电枢是单相串励电动机的转动部分,它由转轴、电枢铁芯、电枢绕组和换向器组成。

电刷架:单相串励电动机的电刷架一般由刷握和弹簧组成。刷握按其结构形式可以分为管式和盒式两种。刷握的作用是保证电刷在换向器上有准确的位置,从而保证电刷与换向器的接触全面紧密。

换向器(又称整流器):是由许多换向片组成的,各个换向片之间都要彼此绝缘。单相串励电动机采用的换向器一般是半塑料和全塑料两种。

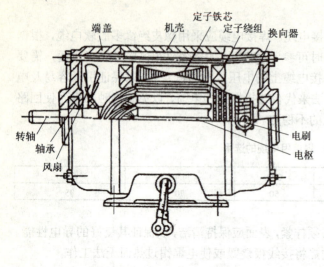

图 5-5　单相串励电动机结构　　　　图 5-6　励磁绕组与电枢绕组的串联方式

2. 电动工具用单相串励电动机的技术参数

电动工具用单相串励电动机的技术参数见表 5-9 和表 5-10。

表 5-9　电动工具用单相交、直流两用串励电动机技术参数

定子冲片外径(mm)	功率(W)	电压(V)	额定电流(A)	转速(r/min)	定子铁芯（mm）			气隙(mm)	转子槽数	磁极绕组		转子绕组				
					外径	内径	长度			线规(mm)	每极匝数	线规(mm)	线圈匝数	线圈节距	换向片数	换向器节距
φ56	140	220	1	14000	56	31	38	0.35	9	1-0.33	247	0.23	36	1～5	27	1～2
	204	220	1.57	14300	56	31	50	0.35	9	1-0.35	197	0.27	27	1～5	27	1～2
φ71	275	220	2.1	12100	71	39	44	0.45	11	1-0.49	185	0.33	20	1～6	33	1～2
	385	220	2.71	13200	71	39	52	0.45	11	1-0.55	138	0.38	17	1～6	33	1～2
φ90	550	220	4.1	9900	90	51	52	0.6	19	2-0.49	134	0.49	13	1～10	38	1～2
	770	220	5.42	13200	90	51	52	0.6	19	2-0.55	116	0.57	10	1～10	38	1～2
	1250	220	8.05	12500	90	51	76	0.6	19	2-0.64	80	0.64	8	1～9	38	1～2

表 5-10　电动工具用单相串励电动机技术参数

定子冲片外径(mm)	额定电压(A)	额定电流(A)	输入功率(W)	输出功率(W)	转速(r/min)	铁芯长度(mm)	气隙(mm)	定子绕组		转子绕组		换向片数	换向器节距	电刷尺寸(mm)			轴承型号	
								线规(mm)	每极匝数	线规(mm)	线圈匝数			长	宽	高	轴伸端	后罩端
φ56	220	0.78	165	90	10000	38	0.35	0.33/0.28	310	0.25/0.21	46	27	1～2	6.5	4	12.5	60027	60026
	220	1.10	230	120	13000	38	0.35	0.38/0.33	248	0.28/0.23	36	27	1～2	6.5	4	12.5	60028	20026
	36	5.60	185	92	10000	38	0.35	2-0.63/2-0.56	40	0.63/0.56	—	27	1～2	6.5	4	12.5	60028	20026
	220	1.20	250	140	14000	38	0.35	0.38/0.33	247	0.28/0.23	36	27	1～2	6.5	4	12.5	60028	20026
	220	1.75	370	220	14000	55	0.35	0.47/0.41	175	0.34/0.29	25	27	1～2	6.5	4	12.5	60029	60027
	220	1.40	280	160	15000	38	0.35	0.41/0.35	240	0.30/0.25	31	27	1～2	6.5	4	12.5	60028	20026
	220	1.10	250	140	14000	38	0.35	0.38/0.33	247	0.28/0.23	36	27	1～2	6.5	4	12.5	60028	20026
	220	0.8	140	80	8000	38	0.35	0.34/0.29	315	0.23/0.19	53	27	1～2	6.5	4	12.5	60027	60027
	220	1.78	380	230	14300	55	0.35	0.47/0.41	175	0.34/0.29	25	27	1～2	6.5	4	12.5	60029	60027
	220	1.10	240	140	14000	38	0.35	0.38/0.33	247	0.28/0.23	36	27	1～2	6.5	4	12.5	60028	60026

（续表）

定子冲片外径(mm)	额定电压(A)	额定电流(A)	输入功率(W)	输出功率(W)	转速(r/min)	铁芯长度(mm)	气隙(mm)	定子绕组 线规(mm)	定子绕组 每极匝数	转子绕组 线规(mm)	转子绕组 线圈匝距	转子绕组 换向片数	换向器节距	电刷尺寸(mm) 长	电刷尺寸(mm) 宽	电刷尺寸(mm) 高	轴承型号 轴伸端	轴承型号 后罩端
φ56	220	0.79	140	80	8000	38	0.35	0.34/0.29	315	0.23/0.19	53	27	1～2	6.5	4	12.5	60102	60027
	220	1.10	250	140	14000	38	0.35	0.38/0.33	247	0.28/0.23	36	27	1～2	6.5	4	12.5	60028	60026
	220	1.10	220	130	13500	34	0.35	0.36/0.31	255	0.28/0.23	38	27	1～2	6.5	4.3	12.5	60029	60027
	220	1.10	210	120	12000	34	0.35	0.36/0.31	265	0.28/0.23	42	27	1～2	6.5	4.3	14	60029	60027
φ62	36	9.6	328	164	8900	38	0.40	3-0.63/3-0.56	36	2-0.53/2-0.47	5	27	1～2	6.5	4.3	14	60029	60027
	220	1.6	334	184	12600	38	0.40	0.48/0.42	216	0.32/0.27	32	27	1～2	6.5	4.3	14	60029	60027
	220	1.6	320	210	12600	41	0.40	0.47/0.41	210	0.34/0.29	32	27	1～2	6.5	4.3	12	60029	60027
	220	1.6	340	220	13040	36	0.40	0.47/0.41	204	0.31/0.29	32	27	1～2	6.5	4.3	12.5	60029	60029
φ71	220	2.1	430	275	12100	44	0.45	0.56/0.50	185	0.39/0.33	20	33	1～2	8	5	16	60200	60027
	220	2.1	430	275	12100	44	0.45	0.55/0.49	185	0.39/0.33	20	33	1～2	8	5	17	60200	60027
	220	1.51	305	195	8500	44	0.45	0.47/0.41	212	0.34/0.29	27	33	1～2	8	4.5	16	60200	60027
	220	2.1	430	275	12100	44	0.45	0.55/0.49	185	0.38/0.33	20	33	1～2	8	15	17	60200	60027
φ80	220	2.4	485	310	13000	38	0.50	0.63/0.57	152	0.48/0.42	19	33	1～2	8	6.3	16	60029	60028
	220	2.5	520	360	13300	42	0.45	0.63/0.57	160	0.47/0.41	18	33	1～2	8	5	16	80501	60018
	220	2.5	550	350	8900	42	0.55	0.62/0.55	173	0.44/0.36	24	33	1～2	10.5	6	18	60201	60028
	220	3.7	780	375	14500	42	0.45	0.63/0.57	115	0.53/0.40	14	33	1～2	8	5	16	60201	60028
	220	3.2	630	450	11000	48	0.55	0.66/0.59	148	0.50/0.44	16	33	1～2	10	4.5	18	60201	60028
	220	3.2	630	450	11300	48	0.50	0.66/0.59	144	0.50/0.44	17	33	1～2	8	6.3	16	60200	60028
	220	4.1	700	600	11000	600	0.55	0.50/0.44	136	0.53/0.47	16	33	1～2	10.5	4.5	18	60201	60028
φ90	220	4.1	830	470	9900	52	0.60	2-0.56/2-0.50	134	0.56/0.50	13	38	12	12.5	8	20	60201	60029
	220	4.0	820	500	11000	52	0.65	0.55/0.50	132	0.59/0.52	12	38	12	12.5	8	22	60201	60029
	220	4.1	810	550	9900	52	0.60	2-0.55/2-0.49	134	0.55/0.49	14	38	12	12.5	8	19	60201	60029
	220	4.5	920	630	11000	52	0.60	2-0.56/2-0.50	126	0.60/0.53	12	38	12	12.5	8	19	60201	60029
	220	4.9	1000	660	12100	52	0.60	0.60/0.55	110	0.62/0.57	11	38	12	12.5	8	16	60201	60029
	220	7.7	1800	1200	12000	76	0.60	2-0.72/2-0.64	76	0.72/0.64	8	38	12	12.5	8	16	60029	60029

5.3 农用电动工具的类型和主要技术参数

当今电动工具品种繁多，在机械工业加工、生产过程中使用的电动工具就有几十种，分别用于钻孔、攻螺纹、锯割、剪切、去锈、磨光、抛光、胀管以及螺钉、螺栓和螺母的紧固等。它由电动机或电磁铁作为动力，通过传动机构驱动工作头进行作业。通常制成手持式、可移动式等。

5.3.1 农用电动工具产品的型号组成和分类

1. 农用电动工具产品的型号组成

电动工具产品的型号组成如下：

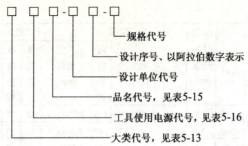

2. 电动工具的分类

（1）电动工具按用途分见表5-11。

表5-11　电动工具按用途分类

序号	1	2	3	4	5	6	7	8	9
名称	金属切削类电动工具	矿磨类电动工具	装配类电动工具	建筑、道路类电动工具	矿山类电动工具	铁道类电动工具	农牧、园艺类电动工具	林木加工类电动工具	其他用途类电动工具

（2）电动工具按使用电源种类分见表5-12。

表5-12　电动工具按使用电源种类分类

序号	1	2	3	4	5
名称	单相串励电动工具	交直流两用电动工具	三相工频电动工具	三相中频电动工具	永磁式直流电动工具

（3）电动工具按电气安全防护方法分见表5-13。

表5-13　电动工具按电气安全防护方法分类

序号	1	2	3
名称	Ⅰ类电动工具	Ⅱ类电动工具	Ⅲ类电动工具

注：1. Ⅱ类电动工具在工具上都标志着醒目的"回"。
　　2. 上述三类电动工具各自具有各自电气安全防护原理。

（4）电动工具按外壳防护的程度分级见表5-14。

表5-14　电动工具按外壳防护的程度分级

序号	1	2	3	4	5	6	7
名称	IPX1	IPX2	IPX3	IPX4	IPX5	IPX6	IPX7

注："IP"是外壳防护的特征字母。第一位数字是代表防固体异物进入外壳内部的程度；第二位数字是代表水进入外壳内部达到有害的程度。

（5）电动工具的分类、品种及代号见表5-15。

表 5-15　电动工具的分类、品种及代号

分类及代号	品种及代号	说　明
金属切削电动工具（J）	电钻（Z）	钻孔用电动工具
	多速电钻	钻孔用、并具有两挡以上速度的电钻
	角向电钻	钻头与电动机轴线成固定角度的电钻
	万向电钻	钻头与电动机轴线可成任意角度的电钻
	磁座钻（C）	带有磁座架，可吸附在钢铁构件上钻孔的电钻
	电铰刀（A）	对已加工的金属内孔进行刮削的电动工具
	电动刮刀（K）	对已加工的金属表面进行刮削的电动工具
	电剪刀（J）	剪切金属薄板的电动工具
	电冲剪（H）	利用上下冲头的冲切来切割板材（包括波纹板）的电动工具
	电动往复锯（F）	以往复运动的锯条进行锯切的电动工具
	电动锯管机（U）	切断大口径金属管材用的一种电动往复锯
	电动攻丝机（S）	传动机构中设有快速反转装置，用于改内螺纹的电动工具
	电动型材切割机（G）	用薄片砂轮来切割各种金属型材的电动工具
	电动斜切割机（X）	用圆锯片来切割铝合金型材的电动工具
	电动焊缝坡口机（P）	金属板材焊缝坡口成型用的电动工具
	多功能电动工具（D）	在基本传动机构上，配置有可更换的传动机构和不同的工作头具有多种用途的电动工具
砂磨电动工具（s）	直向砂轮机（S）	用平行砂轮进行砂磨的电动工具
	角向磨光机（M）	用纤维增强砂轮进行磨削、切割的电动工具，砂轮与电动机轴线成90°
	软轴砂轮机（R）	用平行砂轮机进行砂磨，其旋转运动由软轴传动的电动工具
	模具电磨（J）	用磨头进行磨削的电动工具
	平板砂光机（B）	用砂布对各种材料的工件表面进行砂磨、光整加工的电动工具，其结构制造成平板摆动式
	盘式砂光机（A）	用旋转的圆片砂布对各种材料的工件表面进行砂磨、光整加工的电动工具，圆片砂布平面与电动机的轴线成90°
	带式砂光机（T）	用回转的带式砂布对各种材料的工件表面进行砂磨、光整加工的电动工具
	直式抛光机（P）	用布、毡等抛轮对各种材料的工作表面进行抛光的电动工具
	盘式抛光机	布、毡等抛轮的平面与电动机轴线成90°的抛光机
装配电动工具（P）	电动扳手（B）	拧紧和旋松螺栓及螺母席的电动工具
	定扭矩扳手（D）	用手拧紧需要以恒定张力连接螺纹件的电动扳手
	智能电动扳手	用于按规定的拧紧螺栓顺序，以计算机控制拧紧螺纹件的扭矩，转角等参量的柔性装配系统
	电动液压扳手	以电动机为动力，液压驱动，拧紧和旋松大直径螺栓及螺母的电动工具
	电动螺丝刀（L）	装有调节机制限制扭矩的机构，用于拧紧和旋松螺钉用的电动工具
	电动胀管机（Z）	在金属管与板的连接中用于胀管的电动工具
	电动自攻螺丝刀（U）	运用特殊制造螺钉自身刀刃，且在高速旋转下切割塑料内螺纹或使金属薄板呈融熔状态下切制形成翻边内螺纹，使螺钉与工件连成一体的电动工具
	电动拉铆枪（M）	采用拉伸的方法，用特殊铆钉连接构件的电动工具

(续表)

分类及代号	品种及代号	说明
建筑道路电动工具（Z）	平板式振动器	通过平板的上下振动使浇注混凝土密实的电动工具
	插入式振动器	通过棒体的振动使浇注混凝土密实的电动工具
	电锤（C）	以冲击为主并辅以钎杆旋转运动，用于混凝土、石料及类似材料上打孔的电动工具
	锤钻（A）	以旋转切割为主，兼有冲击力的冲击机构，用于砖石、切块及轻质墙体材料上钻孔的电动工具
	冲击电钻（J）	以旋转切削为主，兼有依靠操作者推力产生冲击力的冲击机构，用于砖砌块及轻质墙体材料上钻孔的电动工具
	电镐（G）	具有能产生较大冲击能量的锤击机构，用于混凝土、石料、道路面的破碎、凿孔及土、砂等松散物夯实功能的电动工具
	电动地板抛光机（B）	用于光整、抛光木质地板表面的电动工具
	电动石材切割机（E）	切割大理石及类似材料用的电动工具
	电动夯实机	土、三合土及类似物夯实用的电动工具
	铆胀螺栓扳手（L）	螺纹连接件达到恒定张力时能拧断螺杆的电动工具
	湿式磨光机（M）	装有淋水机构，用于混凝土、石料及类似材料表面水磨的电动工具
	电动钢盘切割机（Q）	剪切钢盘用的电动工具
	电动套丝机（T）	设有正、反转装置，用于加工管子外螺纹的电动工具
	电动弯管机（W）	将金属管弯成一定角度或弧线的电动工具
	电动混凝土钻机（2）	附有真空吸附及供水装置，用空心金刚石钻头在混凝土构件上钻大孔的电动工具
	电动铲刮机（Y）	铲除钢窗油灰及锈蚀的电动工具
	电动砖墙铣沟机（R）	砖墙表面铣沟槽用的电动工具
矿山电动工具（K）	电动凿岩机（Z）	具有能产生较大冲击能量的锤击机构和连续或间隙转动的转钎机构，用于石方施工中钻凿炮眼的电动工具
	岩石电钻（Y）	具有旋转切削机构和自动进给机构，用于中硬及软岩钻炮眼的电动工具
	煤电钻	煤层中回采及掘进时钻炮眼用的矿用隔爆型的电动工具
铁道电动工具（T）	铁道螺钉电动扳手（B）	用于铁路装卸轨枕和鱼屏螺钉的电动扳手
	枕木电钻（Z）	用于装修铁道时，在枕木钻孔并能保证孔距的电动工具
	枕木电镐（G）	铁路修筑和保养时揭实轨枕下的道渣、缝隙填充物的电动工具
农牧电动工具（N）	电动剪毛机（J）	剪羊、牛、马等牧畜毛用的电动工具
	电动采茶机（A）	条栽茶园中采鲜叶的电动工具
	电动喷洒机（P）	喷洒农药用的电动工具
	电动修蹄机（T）	用于马、驴等牲畜挂掌时修蹄的电动工具
	电动粮食抽样机（L）	自深层粮堆底部及各层抽取样品的电动工具
林、木加工电动工具（M）	电动带锯机（A）	用回转的带状锯条进行锯截的木工电动工具
	电刨（B）	刨削木材平面的电动工具
	电插（C）	用沿导板回转的刀链开窄孔的电动工具
	木工多用工具（D）	木工多用功能的电动工具
	电动修枝机（E）	灌木及树篱修剪用的电动工具
	电动截枝机（H）	树木截枝用的电动工具
	电动开槽机（K）	在木材上切开沟槽及在边缘切出台阶用的电动工具
	电链锯（L）	用回转的链状锯条进行锯截的木工电动工具
	电动曲线锯（Q）	在板材上可按曲线进行锯切的一种电动刀锯
	电木铣（R）	在木材上铣削出各种形状的孔、槽、边缘及开马齿榫用的电动工具
	木工刃磨砂轮机（S）	各种木工刃具刃磨用的可移式砂轮机
	电圆锯（Y）	用旋转的圆锯片进行锯截的木工电动工具
	电木钻	在原木或大型木结构件上钻大孔、深孔用电动工具

(续表)

分类及代号	品种及代号	说　明
其他电动工具（Q）	塑料电焊枪（A）	焊接热塑性塑料用的电动工具
	电动裁布机（C）	裁剪棉、毛、麻、人造纤维等织物用的电动工具
	电动气泵（E）	用于各种小型运载工具轮胎充气的电动工具
	电动管道清洗机（G）	用于疏通各种污水管道的电动工具
	电动卷花机（H）	清除纺皮辊、锭脚及其他机件表面飞花用的电动工具
	石膏电锯（S）	由往复摆动的锯片进行切割，用于拆除石膏绷带的电动工具
	电动雕刻机（K）	工艺美术中雕刻用的电动工具
	电喷枪（P）	将各种低浓度的液体喷射成雾状的电动工具
	电动除锈机（Q）	用于钢铁构件表面除锈的电动工具
	石膏电剪（J）	由剪状刀头的开合进行切割，用于拆除石膏绷带的电动工具
	电动地毯剪（T）	地毯剪绒用的电动工具
	电动牙钻（Y）	口腔科手术用修补龋齿用的电动工具
	电动胸骨锯	外科手术中用来锯断肋骨的电动工具
	电动骨钻（Z）	外科手术中在骨骼上钻孔用的电动工具

（6）电动工具使用电源类别代号见表 5-16。

表 5-16　电动工具使用电源类别代号

工具使用电源类别/Hz		代　号
直流		0
单相交流	50	1
三相交流	200	2
三相交流	50	3
三相交流	400	4
三相交流	150	5
三相交流	300	6

5.3.2　电动工具的基本要求、基本结构及用途

1. 电动工具的基本要求

（1）电动工具工作环境条件见表 5-17。

表 5-17　电动工具工作环境条件

序　号	1	2	3	4
工作环境条件	海拔不超过 1000 m	空气介质温度不超过 40℃	空气相对湿度不大于 90%（25℃）	电源电压与额定电压相差不超过 10%

注：热带、高原、水下、有爆炸性气体等特殊环境条件下使用的电动工具，还应符合相应的专门规定。

（2）应满足的各项要求。电动工具除应具有良好的工作性能，较高的劳动生产率和足够的使用寿命外，还应满足下列各项要求，见表 5-18。

表 5-18 电动工具应满足的各项要求

各项要求	安全可靠	电磁兼容性	振动、噪声小	轻便小巧	坚固耐用
具体内容	为杜绝电动工具使用中发生电击事故和机械危险事故，I类电动工具的全部易触及金属零件必须进行可靠的保护接地。有水源的电动工具必须设计为额定电压不大于 115 V，并与供电电源采取隔离。电源开关的结构和安装位置应能方便电动工具及时通、断电源。对有触及危险的作业工具，如铣刀、锯片、砂轮等应有足够强度的、不妨碍操作的防护罩。电动工具外壳的孔洞应能防止手指等意外触及到内部旋转零件和带电零件	电动工具在使用时不能对无线电、电视等造成无线电骚扰，同时电动工具在电磁环境中有良好的抗电磁骚扰的能力，以保证电动工具能正常工作	电动工具应运转平稳、便于操作、噪声小。电动工具使用时不能对周围环境产生噪声污染	为了尽可能减轻劳动强度，提高对加工对象的适应能力，电动工具应力求体积小，重量轻，便于操作和控制	要求电动工具在正常使用时安全可靠，其绝缘结构、机械结构、外壳防护等有较高的可靠性，连接牢固，能承受难以避免的冲击和不正常操作

2. 电动工具的基本结构

电动工具由外壳、传动机构、工作头、手柄、电源开关及电源连接组件等组成，其基本结构如图 5-7 所示。电动机、传动机构与工作头直接相连的称直连式电动工具，通过软轴连接的称软轴式电动工具。

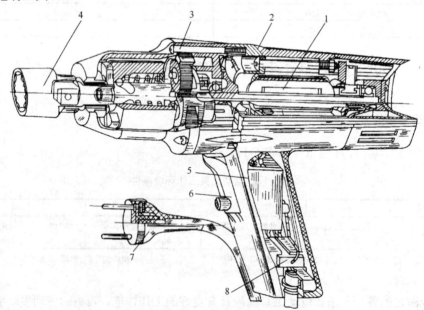

1—电动机；2—外壳；3—传动机构；4—工作头；5—手柄；6—电源开关；
7—电源连接组件；8—无线电骚扰抑制器

图 5-7 电动工具的基本结构

（1）外壳。外壳起支承和保护作用，具有强度高、重量轻、耐热、色泽协调悦目、造型匀称大方的特点。一般用工程塑料或铝合金制造。工程塑料材料选用增强尼龙或聚碳酸酯。工程塑料的应用既减轻了电动工具的重量，又提高了电动工具使用的安全性。

（2）电动机。电动工具用电动机主要有单相串励电动机，三相、单相工频和三相中频（150～400 Hz）异步笼型电动机和永磁直流电动机等。单相串励电动机的转速高，体积小，启动转矩大，而且能交直流两用，是电动工具中使用最多的一类电动机。三相工频笼型异步电动机结构简单、制造维修方便、转速稳定、运行可靠、经久耐用，多用于大功率电动工具和可移式电动工具。三相中频笼型异步电动机既有三相工频笼型异步电动机的优点，又有单相串励电动机的转速高、体积小的优点，但需配备中频电源，使它的发展和应用受到一定的限制。永磁式直流电动机一般多用于家用电动工具，并制成无电源线型，直接用镍镉电池供电，还具有效率高、启动电流小、结构简单等优点，但功率较小。

（3）传动机构。传动机构主要用来传递能量、减速和改变运动方向。

为适应各种不同的加工作业需要，电动工具的工作头运动方式有旋转、往复、冲击和振动等，还有冲击和旋转兼有的复合运动。

传动齿轮是电动工具中应用最多的传动形式，有直齿圆柱齿轮、斜齿圆柱齿轮、直齿和螺旋锥齿轮、内啮合齿轮、谐波齿轮等。传动的特点是：转速高、速比大，且模数大多在 0.6～1.5 mm 之间。齿轮强度不但要满足长期满载运转和过载的要求，而且还必须保证能承受比满载大几倍的制动转矩和冲击力。

（4）手柄。手柄形式根据使用要求和结构的不同有双横手柄、后托式手柄、手枪式手柄、后直手柄等。有些小型、微型工具，如电冲剪、电动剪毛机、微型螺丝刀等无专设手柄，直握外壳操作。有的工具前端还设置辅助手柄，以减轻操作者的劳动强度。

辅助手柄与电动工具外壳的连接形式有螺纹连接型和卡箍夹持型两种。

螺纹连接型是通过手柄上的连接螺纹，将手柄直接旋入电动工具外壳的连接。螺纹连接型辅助手柄的结构如图 5-8 所示，螺纹规格及旋合长度见表 5-19。

卡箍夹持型连接是在手柄连接端制成卡箍形，由卡箍夹持电动工具颈部的连接。卡箍夹持型辅助手柄与电动工具外壳的连接如图 5-9 所示，卡箍的夹持直径和夹持宽度见表 5-20。

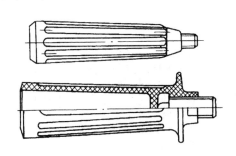

图 5-8　螺纹连接型辅助手柄的结构

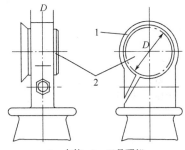

1—卡箍；2—工具颈部

图 5-9　卡箍夹持型辅助手柄的结构及与工具的连接

表 5-19　螺纹连接型辅助手柄的螺纹和旋合长度

螺纹规格/mm	M8	M10	M12	M12	M16	M20	M77×2	M33×2
螺纹旋合长度 L/mm	≥6	≥8	≥8	≥10	≥12	≥15	≥18	≥24

表 5-20　卡箍夹持型辅助手柄的夹持直径和夹持宽度

夹持直径 D/mm	33	38	43	48	53	63
夹持宽度 B/mm	14~25					

（5）电源开关及干扰抑制元件。电动工具用开关的结构大多采用二极桥式双断触点，有瞬时动作机构使触点快速通、断。手揿式开关能自动复位切断电源，有的还装有自锁机构，调速开关一般采用晶闸管与电子线路组合，以达到调速、控速和开、闭电路的功能。工作时，需正、反转电动工具采用专门设计的正、反转开关。电动工具用开关大多装在手柄中，要求体积小、结构紧凑、安全可靠，不能用普通开关代替。

抑制无线电骚扰的器件装置在手柄或外壳内。组合电容器、电感扼流圈用于抑制单相串励或交直流两用电动工具对电视和无线电的骚扰。

（6）电源连接组件。电源连接组件由电源插头、软电缆或软线以及电源线护套等组成，用于电动工具与电源电网连接。软电缆或软线大多采用轻型橡胶套软电缆或塑套电缆。Ⅰ类电动工具中保护接地线规定为绿黄双色线；Ⅱ、Ⅲ类电动工具中不允许有保护接地线。软电缆或软线在进入电动工具的入口处要牢固夹紧，并设置护套。护套用橡胶、热塑性塑料等绝缘材料制成。Ⅱ类电动工具必须采用加强绝缘电源插夹，而且是电源插头与软电缆或软线压塑成一体的不可重接的电源插头。

（7）工作头。电动工具的工作头是对工件进行各种加工的刀具、刃具、磨具等作业工具及其夹持部分。刀具、刃具为各种钻头、丝锥、钎子、锯片等；磨具为各种形状和尺寸的砂轮、砂布、磨头等；抛具为各种抛轮；还有螺母套筒、螺钉旋具（螺丝刀）、胀管器等。

3. 电动工具的用途（见表 5-21）

表 5-21　电动工具用途

机械工业	医疗	工艺美术	土建	建筑装修工程	农牧业	林业
用于钻孔、攻螺纹、锯割、剪切、去锈、磨光、抛光、胀管以及螺钉、螺栓和螺母的紧固等	外科手术中的锯骨、钻骨、拆石膏等专用的电动工具	雕刻、地毯剪绒等方面专用的电动工具	农田改造、水利建设、隧道施工和矿山开采中的凿岩、混凝土捣实，铁道建设和养护中的道渣捣实	房屋敷设电线、埋设管道等专用的电动工具，地板铺修、家具制作、安装等离不开电刨、圆锯等电动工具	农药喷洒、剪羊毛、采茶等专用的电动工具	伐木、造材、打枝等专用的电动工具，木材加工中的锯、刨、开榫、砂光等专用的电动工具

有些电动工具还有特殊功能。如电剪刀可按所需曲线剪切钢板；电冲剪能在钢板上开出各种形状的孔，且不会使工件弯曲变形；磁座钻能吸附在被加工钢铁上钻孔作业；自爬式锯管机能自动切断大直径钢管；定扭矩电动扳手能控制螺栓达到恒定张力；电动胀管机能自动控制管子和管板连接的胀紧度等。

第 5 章 农用电焊机与电动工具

此外，还有配备多种可置换传动机构和工作头的电动工具，以适应农村或其他流动机修工作的需要。

5.3.3 金属切削类电动工具

在各种加工厂、矿企业电钻是一种在金属、塑料及类似材料上钻孔的工具，电钻是电动工具中应用较早的产品。电钻的品种多、规格齐、产量大，是使用最广泛的工具。

电钻携带方便、操作简单、使用灵活，适用于金属及非金属构件上钻孔加工。因受空间、场地限制，加工件形状或部位不能用钻床等设备加工时，一般多用各种电钻进行钻孔。

电钻适当地变换齿轮传动机构或增加一些简单的附件就成为双速电钻、角向电钻、软轴电钻、台架电钻等，以适应不同作业场所的钻孔要求。

1. **电钻的型号**

电钻型号举例：

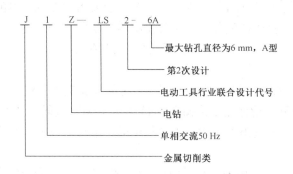

2. **电钻的结构**

电钻的基本结构如图 5-10 所示，它由电动机、减速箱、手柄、钻夹头或圆锥套筒和电源连接组件等件组成。

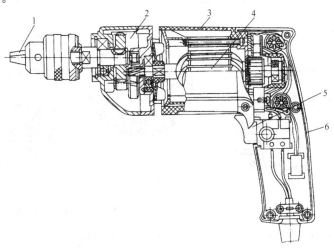

1—钻夹头；2—减速箱；3—机壳；4—电动机；5—开关；6—手柄

图 5-10 电钻的结构

电钻选用的电动机有单相串励电动机、三相工频、中频笼型异步电动机三种类型。

电钻按其选用的不同形式电动机可分为单相串励电钻、三相工频电钻、三相中频电钻等品种。三相中频电钻因需要相应的中频电源供电,在国内应用很少。

电钻除上述三个品种外,还有一种适用于野外作业、无电源线、由内装电池供电,以永磁直流电动机作动力的小型轻巧的直流永磁电钻。

电钻的电动机轴上装有冷却风扇,风扇大多采用离心式。电钻的冷却方式有自扇内冷式和自扇外冷式。自扇内冷式在电动机内部予以风冷,在外壳上设置进风口和出风口。大多数电钻采用自扇内冷结构。自扇外冷式在电动机外部予以风冷,不需要进、出风口。为了增加散热效果,在外壳上设置散热片,以增加散热面积。自扇外冷结构一般应用在大规格的三相电钻上。

电钻的减速箱由前罩和齿轮组成,用以减速或既减速又能改变传动方向。

前罩壳经中间盖与电动机外壳用螺钉连接。齿轮一般采用 0.5~1.5 模数的高度修正或角度修正的齿轮,材料选用 40Cr 钢或 45 钢,并经热处理,壳体内充填适量的润滑脂予以润滑。传动轴由滚珠轴承或含油轴承支承,在滚珠轴承处设置油封零件,以防止润滑油漏出。

电钻的齿轮强度不但要考虑在满载时长期运转,也要考虑在过载时的强度,甚至还要考虑在钻孔时一旦钻头卡住,产生比满载大几倍的制动转矩所需要的强度。但是,使用电钻钻孔时应尽可能减少过载和卡转现象,以使齿轮有足够的使用寿命。

1)双速电钻

双速电钻设计制造有两挡转速的齿轮机构,常见的双速机构有双联滑动齿轮结构和双速齿轮离合器结构两种。双联滑动齿轮结构如图 5-11 所示。双联齿轮 1 在轴上能自由滑动,中间轴 2 上的齿轮是固定的。移动双联齿轮,变换与中间轴啮合的齿轮,即改变速比。双联齿轮与轴用花键连接。

双速齿轮超越离合器结构如图 5-12 所示。牙嵌离合器分离(图示位置),中间轴的小齿轮与输出轴齿啮合,端面有齿的齿轮(即牙嵌离合器主动件)在输出轴上空转,输出轴为慢速。牙嵌离合器啮合,中间轴的两个齿轮同时带动输出轴齿轮和端面有齿的齿轮旋转。此时,第一对齿轮的旋转速度较第二对齿轮快而使超越离合器自行打滑,输出轴为快速。

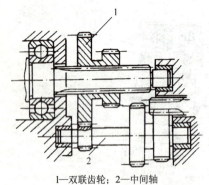

1—双联齿轮;2—中间轴

图 5-11 双联滑动齿轮结构

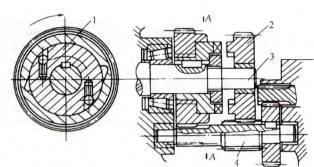

1—超越离合器;2—端面有齿的齿轮;3—输出轴;4—中间轴

图 5-12 双速齿轮超越离合器结构

调节转速时可推动电钻外壳上的拨钮,带动拨叉,使双联齿轮(或齿轮离合器)变换其啮合的齿轮来实现。

2）多速电钻和无级调速电钻

电钻除采用齿轮变速外，有的还采用电气变速和电子变速制造多速电钻和无级调速电钻。电气变速是在单相串励电动机的定子铁芯上设置两组绕组，用换接开关将两组绕组接成串联或并联，以改变励磁安匝及定子阻抗压降，从而获得两挡转速。

无级调速电钻中装置由晶闸管，集成电路和动、静触点，外壳等组成的元级调速开关。无级调速开关串接在电动机电路中，既作电源开关，又是控制器。调速时，调节调速开关的按钮或旋钮，以控制晶闸管的导通角，从而调节电动机的端电压，实现无级调压调速。

3）角向电钻和万向电钻

角向电钻的齿轮箱中有一对螺旋锥齿轮，使钻头与电动机的轴线成卯角。如果采用两对相同的锥齿轮，一对起传动作用，另一对作传动和调节角度，就能使钻头与电动机轴线成任意角度，制成万向电钻。

电钻工作时要施加一定的轴向推压力，该力借助于电钻的手柄来实现。

手柄的结构随电钻的规格大小而有所不同。4 mm 电钻一般采用直筒式电钻，如图 5-13 所示；6 mm 多用手枪式电钻，结构如图 5-14 所示；另一侧手柄用螺纹连接，如图 5-15 所示。这种中型电钻单靠双手的推压力还不够，还要辅以后托架（板）用胸或扛棒施加压力；32 mm 以上电钻用双横手柄，并带有进给装置，以获得更大的推压力。

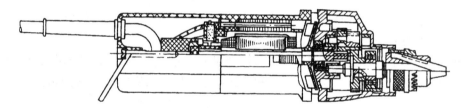

图 5-13　直筒式电钻

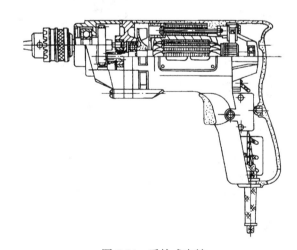

图 5-14　手枪式电钻

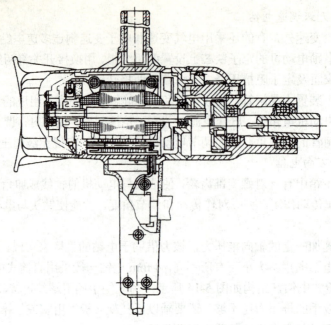

图 5-15 双横手柄电钻

除直筒式电钻外,电钻的开关及无线电干扰抑制元件均装置在手柄的型腔内。
钻头用钻夹头或圆锥套筒夹持,进行钻孔作业。

19 mm 以下的电钻多采用扳手式钻夹头;一般电钻采用专门设计制造的电动工具钻夹头。钻夹头与电钻主轴的连接形式有螺纹连接和锥孔连接两种。结构如图 5-16 所示。

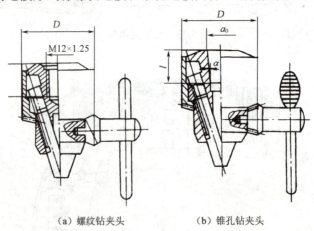

(a) 螺纹钻夹头　　　　(b) 锥孔钻夹头

图 5-16　电动工具用钻夹头结构

3. 电钻的性能和技术参数

1) 电钻的规格

电钻规格指电钻削钢材时所允许使用的最大钻头直径。同一直径,根据其参数不同可分为 A 型、B 型和 C 型。

A 型电钻主要用于普通钢材的钻孔,如 Q235-A 钢、25～45 钢、角铁等。它具有较高的钻削生产率；通用性强，适用于一般负载下使用。规格整齐，大多数采用二级变速。

B 型电钻主要用于优质钢材的钻孔，具有很高的钻削生产率。适用于长时间连续使用和较高的钻削容量。该型电钻的额定输出功率和转矩比 A 型大，持续和过载能力强，转速与 A 型相仿，以二级变速为主。

C 型电钻主要用于铝、铜等有色金属及其合金、塑料和铸铁等材料的钻孔，并具有较高的钻削生产率，同时能用于普通钢材的钻孔。该型电钻具有轻便和结构简单的特点，钻孔时不能施以强力。电钻的额定输出功率和转矩比 A 型小，转速较高，以一级变速为主。

A 型和 B 型电钻对有色金属、塑料、木材等钻孔时，最大钻孔要可相应增大 30%～50%。

电钻的规格按实际使用需要、切削效率、质量等因素予以分级。电钻有 4 mm、6 mm、8 mm、10 mm、13 mm、16 mm、19 mm、23 mm、32 mm、38 mm、49 mm 等规格。

2）电钻的性能和技术数据

单相串励电钻系列的性能和技术数据见表 5-22；三相工频电钻系列的性能和技术数据见表 5-23。

表 5-22 单相串励电钻系列的性能和技术数据

规格(mm)	额定电压(V)	额定电流(A)	额定功率(W)	额定转矩(N·m)	额定转速(r/min)	质量(kg)	钻头夹持方式
4A 型	～220	1.2	≥80	≥0.35	≥2200	1.2	钻头夹
6C 型	～220	1.2	≥90	≥0.5	≥1700	1.3	钻头夹
6A 型			≥120	≥0.85	≥1300		
6B 型			≥160	≥1.2	≥1250		
8C 型	～220	—	≥120	≥1.00	≥1100	—	钻夹头
8A 型			≥160	≥1.60	≥950		
8B 型			≥200	≥2.20	≥850		
10C 型	～220	2.1	≥140	≥1.50	≥900	3.2	钻夹头
10A 型			≥180	≥2.20	≥780		
10B 型			230	≥3.00	≥730		
13C 型	～220	2.1	≥200	≥2.50	≥760	3.5	钻夹头
13A 型			≥230	≥4.00	≥550		
13B 型			≥320	≥6.00	≥550		
16A 型	～220	4.0	≥320	≥7.00	≥430	5.9	2 号莫氏锥柄
16B 型			≥400	≥9.00	≥420		
19A 型	～220	4.0	≥400	≥12.00	≥320	6.0	2 号莫氏锥柄
23A 型	～220	4.0	≥400	≥16.00	≥240	6.3	2 号莫氏锥柄

注：额定转矩、额定功率为 GB5580《电钻》规定的最低值。

表 5-23 三相工频电钻系列的性能和技术数据

规格(mm)	额定电压(V)	额定功率(W)	额定转矩(N·m)	额定转速(r/min)	负载持续率	质量(kg)	钻头夹持方式
13	～380	270	4.9	530	连续	6.8	钻夹头
19	～380	400	12.7	290	60‰	8.2	2 号莫氏锥柄
23	～380	500	19.6	235	60‰	9.8	2 号莫氏锥柄
32	～380	900	45	190	60‰	19	3 号莫氏锥柄
38	～380	1100	72.6	145	60‰	21	4 号莫氏锥柄
49	～380	1400	110	120	60‰	24	4 号莫氏锥柄

由于大规格的单相串励电钻的质量已接近三相工频电钻,所以单相串励电钻最大的规格为 23 mm。例如,19 mm 单相串励电钻的质量为 6.2 kg,三相工频电钻的质量为 8.2 kg,两者差 2 kg,差值为单相串励电钻的 32.2%;而单相串励电钻在制造、使用、维修上都比三相工频电钻复杂,寿命也比三相工频电钻短,所以大规格的单相串励电钻生产、使用较少,三相工频电钻的规格范围为 13～49 mm。

3）电钻的转速

在电钻额定输出功率基本不变的情况下,适当提高转速有利于提高钻削效率和节约体力。但是,提高转速受到钻头允许的线速度的约束。一般高速钢钻头在无冷却液的条件下,钻削钢材时的钻头线速度选择在 20～30 m/min。C 型电钻因考虑到有色金属及塑料等钻削性能,转速较高,但一般不超过 35 m/min。电钻的转速在设计时,对于小规格电钻取上限值,大规格的电钻由于钻削量和轴向力大,在钻削时易引起钻头发热退火和钻头刃口崩裂,所以取下限值。

单相串励电钻的空载转速比满载转速高 40%～50%,在不同负载时具有不同的转速特性,以满足当轴向推力及钻孔直径不同时,负载不同其转速也不同的要求。对于不同的钻孔,为了达到理想的切削速度,要求转速也不同。换句话说:钻大孔时,转速要较低;反之,转速则要较高。

4）电钻的夹头的性能和技术数据

钻夹头的规格、性能和技术数据列于表 5-24、表 5-25。

表 5-24 钻夹头的规格、性能和技术数据

最大夹持直径(mm)		4	6	8	10	13	16
夹持范围(mm)	螺纹连接	—	0.6～6	0.8～8	1～10	2.5～13	4～16
	锥	0.2～4	0.8～6	1～8	1.5～10	2.5～13	3～16
外径(mm)	螺纹连接	—	30	32	36	42	48
	锥	—	30	32	38	46	53
夹紧力矩(N·m)		1.5	4	6	6.5	8.5	10.5

注:螺纹连接钻夹头的螺纹尺寸均是 M 12×1.25。

表 5-25 钻夹头最大径向圆跳动允许值（mm）

钻夹头规格	检验芯棒		径向圆跳动允差(mm)
	直径 d(mm)	长度 L(mm)	
6	4	45	0.25
	6	65	
8	4	45	0.28
	8	80	
10	5	60	0.28
	10	95	
13	6	65	0.28
	13	105	
16	8	80	0.30
	16	110	

电动工具用钻夹头均为扳手夹紧式。钻夹头夹爪空程移动应保持灵活、均匀。用扳手夹紧或扳开夹爪时,夹爪进出和扳轮环齿啮合无阻滞现象。钻夹头夹紧力矩值见表 5-24。

钻夹头零件选用优质钢材制造，硬度值规定为：夹爪刃口部位不低于 58HRC；与夹爪相配的螺母不低于 53HRC；扳轮及环齿的硬度不低于 48HRC；钻体扳手孔的表层硬度不低于 48HRC。

用检验芯棒检验的钻夹头径向圆跳动的精度时，跳动值不允许超过表 5-25 的值。

4．电钻的使用方法

使用电钻钻孔时，不同的钻孔直径应该尽可能选用相应规格的电钻，以充分发挥各种规格电钻的钻削性能及结构特点，达到良好的切削效率。避免用小规格电钻钻大孔而造成灼伤钻头和电钻过热，甚至烧毁钻头和电钻；用大规格电钻钻小孔而造成钻孔效率降低，且增加劳动强度。

电钻使用时，钻头必须锋利。钻孔时，在电钻上应施加不超过表 5-26 规定的轴向压力，并不宜用力过猛，以免过载。钻孔中当转速突然下降时，应立即降低压力；当钻孔时突然制动，必须立即切断电源；当钻削的孔即将钻通时，施加的轴同压力应适当减小。

电钻使用时，轴承温升不能过高。在钻孔中轴承和齿轮运转声音应均匀而无撞击声。当发现轴承温升过高或齿轮、轴承有异常杂声时，应立即停钻检查。如果轴承、齿轮有损坏现象，应立即换掉。

表 5-26 电钻钻孔时的轴向压力

规格 (mm)	4	6	10	13	16	19	23	32	38	49
轴向压力 (N)	250	350	550	900	1200	1700	2300	3500	4300	6000

5.4 思考题与习题

1. 农用电焊机的类型和结构是什么？
2. 弧焊整流器的结构是什么？
3. 农用单相串励电动机的基本结构是什么？
4. 电动工具的基本结构及用途是什么？
5. 金属切削类电动工具用途和操作方法是什么？
6. 电钻的结构是什么？
7. 电钻的规格和性能是什么？
8. 电钻的使用方法是什么？

第 6 章

GPS 在农业生产中的应用

"授时与测距导航系统/全球定位系统"（Navigation System Timing and Ranging/Global Positioning System-NAVSTAR/GPS），通常简称为"全球定位系统"（GPS）。

GPS 主要有三大组成部分，即空间星座部分、地面监控部分和用户设备部分，如图 6-1 所示。

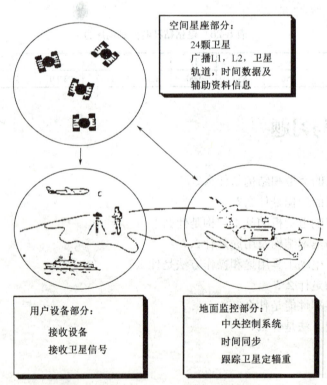

图 6-1　全球定位系统（GPS）构成示意图

GPS 的空间卫星星座由 24 颗卫星组成，其中包括 3 颗备用卫星。卫星分布在 6 个轨道面内，每个轨道面上分布有 4 颗卫星。卫星轨道面相对地球赤道面的倾角约为 55°，各轨道平面升交点的赤经相差 60°，在相邻轨道上，卫星的升交距角相差 30°。轨道平均高度约为 20200 km，卫星运行周期为 11 小时 58 分。因此，同一观测站上，每天出现的卫星分布图形相同，只是每天提前约 4 分钟。每颗卫星每天约有 5 个小时在地平线上，同时位于地平线以上的卫星数目，随时间和地点而异，最少为 4 颗，最多可达 11 颗。

GPS 卫星在空间的上述配置，保障了在地球上任何地点、任何时刻均至少可以同时观测到 4 颗卫星，加之卫星信号的传播和接收不受天气的影响，因此 GPS 是一种全球性、全天候的连续定时定位系统。不过在个别地区可能在某一短时间内（如数分钟），只能观测到 4 颗图形结构较差的卫星，而无法达到必要的定位精度。

GPS 卫星的基本功能是：
（1）接收和储存由地面监控站发来的导航信息，接收并执行监控站的控制指令。
（2）卫星上设有微处理机，进行部分必要的数据处理工作。
（3）通过星载的高精度铯钟和铷钟提供精密的时间标准。
（4）向用户发送定位信息。
（5）在地面监控站的指令下，通过推进器调整卫星的姿态和启用备用卫星。

6.1 农用 GPS 的型号、结构、参数和选择

目前农用的 GPS 用户接收机主要有：AgGPS132 接收机、Magellan GPS315 接收机、GARMIN GPS25 接收机、4600LS 测量型接收机。

6.1.1 AgGPS132 接收机

AgGPS132 接收机内置高性能的 GPS 接收机和无线信标 DGPS 接收机，有坚固、防水的封装，如图 6-2 所示。此外，AgGPS132 接收机拥有 The Choice^{TM} 技术，可以接收 OmniSTAR 和 Racal LandStar 的实时差分服务。接收机可跟踪来自差分 GPS 信号源 L1 及 L2 C/A 码和载波相位信号，包括 WAAS、EGNOS、信标和 OmniSTAR 信号。用户可选用两种天线，这两种天线可根据所接收到的信号提供不同的精度。据报道，组合式 L1/L2 天线可为 RTK 提供小于 1 cm 的精度，为 OmniSTAR HP 提供小于 10 cm 的精度，对 OmniSTAR XP 提供小于 20 cm 的精度。

图 6-2　Trimble AgGPS132 接收机

作为精细农业系统的一个组成部分，AgGPS 接收机可以向不同农机设备提供亚米级的 GPS 定位信息，包括：产量监视器、并行导航系统、变速率播种机、喷洒应用、土壤采样控制器和便携式田间计算机。

AgGPS 接收机可以实时地以 NMEA-0183 和 TSIP（天宝标准协议）信息输出亚米级定位信息和精度为 0.16 km/h 的速度信息。1 s 一次的输出也可作为使用外部设备的同步信号，AgGPS132 主要特性参数见表 6-1。

表 6-1 AgGPS132 主要特性参数

AgGPS132 标准特性	12 通道 GPS 卫星跟踪（CA 码），载波相位平滑			
	亚米级差分精度：在至少 5 颗星可用和 PDOP＜4 情况下			
	组合 GPS／DGPS 天线			
	磁天线基座			
	5 m 耐用的天线电缆			
	磁天线基座			
	数据／电源电缆			
	LCD 显示屏，4 键面板可设置并察看系统属性			
	两个 RS-232 串行口和 CAN 备用口			
	NMEA-0183 输出：ALM、GGA、GLL、GSA、GSV、MMS、RMC、VTG、ZDA（默认的 NMEA 信息是 GGA、GSA、VTG）			
	RTCM SC-104 输入和输出			
	TSIP 输入和输出			
	任一端口输出 1PPS 选通脉冲信号，允许外部设备同 AgGPS 时钟振荡器时间同步			
AgGPS132 物理特性	AgGPS132 主机	尺寸：14.5 cm×5.1 cm×19.5 cm	AgGPS132 组合天线	质量：0.55 kg
		质量：0.76 kg		工作温度：-30～+65℃
		功耗：7 W，10～32 V 直流		存储温度：-40～+85℃
		尺寸：15.5 cm 直径×14 cm 高		湿度：100%凝结，设备完全密封
		工作温度：-20～+65℃		包装：防尘、防水、抗振
		存贮温度：-30～+85℃		
		相对湿度：100%凝结，设备完全密封		
		包装：防尘、防水、抗振		
AgGPS132 工作特性	GPS 接收机	一般：12 通道、并行跟踪、相位平滑 L1C/A 码及多比特量化器		
		更新率：1 Hz		
		差分速度精度：0.1 MPH（0.16 KPH）		
		差分位置精度：跟踪 5 颗卫星平面精度可达 1 m RMS，PDOP 小于 4，由 Trimble 4000Rsi 或同等基准站发送 RTCM SC-104 格式差分信号		
		首次定位时间：<30 s，典型		
		NMEA 信息：ALM，GGA*GLL，GSA，GSV，VTG，MSS，RMC，ZDA		
	差分改正双通道 中频接收机	频率范围：283.5～325.0 kHz		
		信道间隔：500 Hz		
		NSK 调制：50，100&200 位/s		
		信号强度：10 μV/m 最小@100BPS		
		动态范围：100 dB		
		信道灵敏度：70dB　　>500 Hz 偏移		
		频率偏移：最大 17 ppm		
		信标捕获时间：<5 s，典型		
		操作模式：自动上电、自动距离和手动模式		
	带多卖主持的 L 波段卫星差分改 正接收机	误码率：10-5 对于 Eb/N>5.5 dB		
		捕获及再获时间：<2 s，典型		
		频带：1525～1560 MHz		
		信道间距：5 kHz		

6.1.2 Trimble AgGPS332 接收机

Trimble AgGPS332 接收机如图 6-3 所示，它集成了 Ultimate Choice 技术和最先进的高性能双频接收机，可提供所有种类的差分服务方式和更好的精度。最新的 GPS 332 Ultimate Choice 接收机提供多种 GPS 差分方式和多种精度的选择，以满足不同工作的需求，用户只需一台接收机可满足不同工作对各种精度的需求。工作中需要高精度时，可以很容易地升级到高精度。AgGPS332 Ultimate Choice 接收机可以得到下面几种精度：

图 6-3 Trimble AgGPS332 接收机

+/-2.5 cm，RTK 基准站差分

+/-5~10 cm，OmniSTAR HP 高精度卫星差分

+/-7~12 cm，OmniSTAR XP 高精度卫星差分

+/-15~20 cm，WAAS，EGNOS，信标，或 OmniSTAR VBS

具有多种精度选项的 AgGPS332 适于各种应用需要。AgGPS332 接收机具有 LED 显示屏和设置按钮，能够快速方便地进行设置。两种天线适合于各种精度的工作需求。

Trimble AgGPS332 接收机的主要技术参数，见表 6-2。

表 6-2 Trimble AgGPS332 接收机的主要技术参数

Trimble AgGPS332 接收机主要技术参数	信号跟踪 L1 和 L2，C/A 码和载波相位，L 波段 DGPS	
	通道 24 通道 +1 个 L 波段卫星	
	双频天线差分精度	<1 cm （RTK）
		<10 cm （OmniSTAR HP）
		<20 cm （OmniSTAR XP）
		<1 m （OmniSTAR VBS）
	单频天线差分精度<1 m DGPS（SBAS,OmniSTAR VBS，或信标）	
	位置更新率 1Hz,2 Hz,5 Hz,10 Hz	
	冷启动 <2.5 min	
	热启动 <30 s 典型	
	重捕获 <5 s	
	NMEA 信息 GGA,GGL,GRS,GST,GST,GSA,GSV,MSS,RMC,VTG,ZDA,XTE	
	天线类型集成 L1/L2 L 波段 DGPS	
	波特率 4 800~115 200	
	尺寸（W×H×D）5.7 英寸×2.2 英寸×8.6 英寸	
	质量 2.125 lb （0.96 kg）	
	功耗 3.5 W（max），12 V DC	
	运行温度-30~+65℃	
	存储温度-34~+85℃	
	封装防水、防振、防尘	
	接头两个 Trimble 12 针	
	接口数量 5 个	
	接口类型 3 个 RS-232，2 个 ISO（CAN2.0B11783/1939）	
	天线安装 1-5/8 英寸磁性吸盘	

6.1.3　Magellan GPS315/GPS320 接收机

图 6-4　GPS320/GPS315 接收机

GPS320/GPS315 接收机是一种简易的接收设备，如图 6-4 所示。存储 500 个用户自定义坐标，具有价格便宜、携带方便，适合于精度要求不是很高的农田信息定位与测量。GPS320/GPS315 内置了 12 平行通道接收器，保证导航仪在任何恶劣环境下均以正常工作。在 GPS320/GPS315 特有的超大屏幕上，为用户提供多达 9 种画面，指示用户的方向，走过的路线，距离目的地的距离，和其他导航信息。GPS320/GPS315 卫星定位导航仪还有许多体贴的设计和强大功能，例如：内置电池保证用户信息存储时间长达 10 年；可输出 NMEA 格式数据，接收 DGPS 信号，提供背景光显示，你可根据环境调节屏幕亮度；PC 数据线缆使得导航仪可以与个人计算机进行通信等。Magellan GPS315/GPS320 接收机主要功能和性能特点，见表 6-3。

表 6-3　Magellan GPS315/GPS320 接收机主要功能和性能特点

主要功能	内置数据库，包括全世界主要城市坐标和航海助航系统，如：发光浮标和不发光浮标、雾区、无线电信标台和其他
	串口通信能力可以方便您增加数据信息和使用个人计算机内的地图软件
	强大的 12 平行通道接收器和高灵敏度全向天线，保证卫星定位导航仪在任何环境中都能够跟踪到卫星信号
	104×160 像素高分辨率显示器
	可边际存储 1200 个路径点，记录往返经
性能特点	二级背光显示屏，提供 9 种导航画面
	2 节 5 号碱性电池可保证导航仪工作 15 h
	内置锂电池保证信息存储长达 10 年
	"EZstart" 操作可建立模拟导航方式和节电运行方式
	抗恶劣环境封装，全防水外壳，人性化工程设计便于掌握
	可存储达 500 个路径点或标记，20 条路线（每条可包括 30 个航段）
	自动平均值计算可准确提供坐标位置
	显示太阳和月亮在天空中的位置，可快速决定是否起航方向
	重置航行里程表和最佳工作时间计算
	11 个坐标系表示，提供 1 个用户自定义模式；72 个地面基准面表示，提供 1 个自定义模式
	机身小巧轻便（15.75 cm×5.0 cm×3.3 cm），质量仅 198.8 g

6.1.4　4600LS GPS 测量型接收机

对于控制测量、地形测量 GIS 和实时测量，4600LS 是一种经济实用型 GPS 接收机。该接收机不需要点间通视，可有效应用于短基线及中等基线的静态、快速静态及动态测量。4600LS 轻巧，使用简单，接收机、天线及 C 型电池密封为一体，总质量 1.7 kg，不需要外接电池及连线，全机只需一个按钮操作，三个指示灯可以方便控制测量过程。

4600LS 用于测量时，将其连接在三脚架上，按下按钮即可开始测量，用于地形测量时将

第6章　GPS在农业生产中的应用

4600LS 连接到一支测杆上，使用 Trimble 选配的手持测量控制器控制测量过程。野外的数据采集通过一个可以与控制器连接的串口进行传输，控制器可以用来输入点的信息以及调整接收机的设置。

4600LS 的外包设计可以适应野外较为恶劣的环境，工作温度为-40～+65℃，全封闭、可飘浮。测量数据存储在内置存储器中，防灰尘，在任何气候下都可安全工作。4600LS 可提供较高的工作频率以及单频点所能提供的所有数据。它处理 L1 载波相位及 C/A 码观测值，可以安全有效地进行静态、快速静态和动态测量。

使用 Trimble 后处理软件 GPSurvey 可以快速进行测量，并可以达到毫米级测量精度。4600LS 可以存储 64 h 的 L1 快速静态测量数据。这些数据能与 4000 系列其他型号接收机测量数据兼容。

如果进行实时差分测量，选择具有两个串口的 4600LS-2 接收机，则可进行实时差分测量，达到分米级精度。4600LS 也可升级成 RTK，使定位精度达到厘米级。4600LS GPS 接收机的主要功能和性能特点见表 6-4。

表 6-4　4600LS GPS 接收机主要功能和性能特点

标准特性	集接收机、天线、电池于一体、重量轻	
	5 mm+1ppm×D	
	高效率的 L_1 快速静态测量	
	坚固的外包设计	
	低电能消耗	
	使用 4 节 C 码标准电池	
	经济、高效	
	单一按钮操作	
	LED 模式显示	
	具有可以传输数据的串口及外接电源接线	
物理特性	体积 22.1 cm×11.8 cm	
	质量 1.4 kg（无电池），1.7 kg（带电池）	
	内存 1 M	
	功率 1 W，5 V 电池，9～20 V 外接电源	
	显示模式　三个 LED、指示电源、数据存储、卫星跟踪状况	
	开关　单键，电源/开启开关	
	天线　与接收机一体	
	操作温度-40～+65℃	
	存储温度-55～+75℃	
	相对湿度 100%，全密封，可漂浮	
	抗冲击型 2 m 落下	
技术特点	静态测量	方式：快速启动静态测量，快速启动 L_1 静态测量
		水平精度：5+1ppm（×基线长度<10 km＝；5 mm+2 ppm（×基线长度>10 km）
		垂直精度：10 mm+2 ppm×基线长度
		方位角度精度：1+5/基线长度
	动态测量	方式：连续的，走走停停
		精度：2 mm+2 ppm×基线长度
	实时测量	实时走停，实时连续
		精度：1 cm+2 ppm　水平；2 cm+2 ppm　垂直
		距离：10 km
		初始化时间：已知点或 RTK 初始化，时间 15 s
	差分测量	输入/输出：RTCM 格式通过 2 号串口输入 NMEA0183 格式，通过 1 号串口输出
		精度：<1 m　RMS，5 颗卫星，PDOP<4 较为理想的多路径条件

6.2 GPS 在联合收割机谷物测产中应用

在联合收割机上安装产量监测系统,以秒为单位记录农田单位面积谷物产量、累计产量和对应地理坐标位置,获取谷物产量空间分布信息,建立产量分布图。

6.2.1 谷物测产系统基本组成

谷物联合收割机测产系统是基于 DGPS(差分的全球定位系统)技术、传感器技术和微处理器技术的集成系统。系统主要包括差分全球定位系统(DGPS)、谷物流量传感器、谷物含水率传感器、地度传感器、割台高度传感器、升运器转速传感器、主控单元、数据存储设备 CF 卡(Compact Flash Card)、智能显示终端、电缆等,其基本组成示意图如图 6-5 所示。

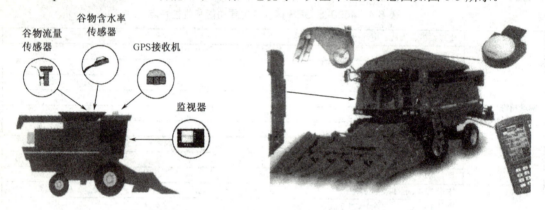

图 6-5 谷物联合收割机测产系统基本组成示意图

当测产系统工作时,由流量传感器在线测量谷物流量,同时由 DGPS 记录对应的位置坐标,GPS 接收机记录的位置信息通过 RS-232 串口与主控单元连接,GPS 天线一般安装在联合收割机的顶部。DGPS 接收机采用标准的语句格式 NAME-0183 GPS-GGA 记录相应经、纬度坐标,并在智能显示终端上显示。主控单元接收 DGPS 的位置信息、传感器的谷物流量信息、地速信息、含水率信息,就可计算当前单位面积农田的谷物产量,并将计算的结果存入 CF 卡,利用 CF 卡记录的产量信息和位置信息可用专用的产量图生成软件绘制谷物的产量空间分布图及其他属性空间分布图。

6.2.2 DGPS 定位原理

差分定位(DGPS)是采用伪随机码伪距测量定位,其基本方法是:在定位区域内,一个已知点上设置 GPS 接收机作为基准站,连续跟踪观测视野内所有可见的 GPS 卫星伪距,经已知距离比对,求出伪距修正值(差分修正值),通过数据传输线路,按一定格式发送。测区内所有待定点接收机,除跟踪观测 GPS 卫星伪距外,同时还接收基准站发来的伪距修正值,对相应的 GPS 卫星伪距修正,然后用修正之后的伪距进行定位。差分 GPS 定位有效减少卫星轨道偏差、卫星钟差、大气折射等影响，定位精度可达亚米级，图6-6为GPS定位原理图。

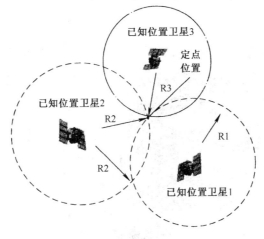

图6-6 GPS定位原理图

6.2.3 NMEA-0183 语句格式

NMEA-0183 是美国国家海洋电子协会为海用电子设备制定的标准格式。大多数GPS接收机都能输出符合 NMEA-0183 标准的 ASCII 码形式的数据信息。每个句子内的数据之间以逗号隔开，输出的数据句型可以根据用户需要进行选择。基本的数据格式为 GGA、VTG、GSV 等格式语句。

例如，GGA 数据句型的形式如下：
$GPGGA，151924，4010.454487，N，
11626.269799，E，2，09，0.9，17，M，-49，M，1，0000 * 57

其中，GP 为信息来源，GGA 为句型识别符，其后依次为 UTC 时间（hhmmss）、纬度（ddmmm.mmmmmm）、纬度符号（N 或 S）、经度（dddmm.mmmmmm）、经度符号（E 或 W）、定位模式（1=GPS，2=DGPS）、跟踪卫星数（00～12）、水平位置定位精度因子（HDOP）、天线高程、高度单位、大地水准面高度、高度单位、差分数据龄期、基准站号和校验码。化量 Δx、Δy、x、y 坐标均值、标准差的大小。Δx、Δy 的变化范围在 1 m 以内，说明差分动态定位精度可以达到亚米级。

6.2.4 谷物产量分布图

利用 CASE IH2366 谷物联合收割机 AFS（Advance Farming System）产量监测系统可以得到单位农田面积谷物产量数据及其他属性信息文件，通过对误差产量数据进行滤除之后，用专用产量图生成软件可以生成具有空间分布的谷物产量分布图，可用于对同一地块的产量的差异或地块与地块之间产量的差异进行分析，并用于对农田的精细管理和变量作业。图6-7为某一地块棉花产量空间分布图。

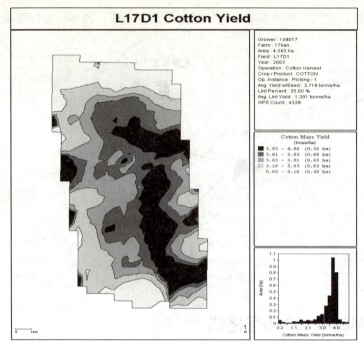

图 6-7　某一地块棉花产量空间分布图

6.3　GPS 在现代农业信息中的应用

GPS 技术在农业领域中的应用不仅是大面积种植，在小面积的农田，特别是在格网种植的小面积内，应用小型自动化设备，配合差分 GPS 导航设备、电子监测和控制电路，能够适应科学种田的需要，做到精确管理。这种设备投资较低、安装方便、操作灵活。

（1）农业生产中增加产量和提高效益是现代农业的根本目的。

要达到增产高效的目的，除了适时种植高产作物，加强田间管理等技术措施外，弄清土壤性质，检测农作物产量、分布、合理施肥以及播种和喷撒农药等也是农业生产中重要的管理技术。

（2）现代农业生产走向大农业和机械化道路。

大量采用飞机撒播和喷药，为降低投资成本，如何引导飞机作业做到准确投放，也是十分重要的。利用 GPS 技术，配合遥感技术（RS）和地理信息系统（GIS），能够做到监测农作物产量分布、土壤成分和性质分布，做到合理施肥、播种和喷洒农药，节约费用、降低成本、达到增加产量提高效益的目的。利用差分 GPS 技术可以做到：

① 土壤养分分布调查。

在播种之前，可用一种适用于在农田中运行的采样车辆按一定的要求在农田中采集土壤样品。车辆上配置有 GPS 接收机和计算机，计算机中配置地理信息系统软件。采集样品时，GPS 接收机把样品采集点的位置精确地测定出来，将其输入计算机，计算机依据地理信息系统将采样点标定，绘出一幅土壤样品点位分布图。

② 监测作物产量。

在联合收割机上配置计算机、产量监视器和 GPS 接收机，就构成了作物产量监视系统。对不同的农作物需配备不同的监视器。例如监视玉米产量的监视器，当收割玉米时，监视器记录下玉米所接穗数和产量，同时 GPS 接收机记录下收割该株玉米所处位置，通过计算机最终绘制出一幅关于每块土地产量的产量分布图。通过和土壤养分含量分布图的综合分析，可以找出影响作物产量的相关因素，从而进行具体的田间施肥等管理工作。合理施肥，精确农业管理。依据农田土壤养分含量分布图，设置有 GPS 接收机的"受控应用"的喷施器，在 GPS 的控制下，依据土壤养分含量分布图，能够精确地给田地的各点施肥，施用的化肥种类和数量由计算机根据养分含量分布图控制。

③ 作物生长期的管理。

利用遥感图像并结合 GPS 可绘出作物色彩变化图。利用 GPS 定位采集一定数量的土壤及作物样品进行分析，可以绘制出作物生长的不同时期的土壤含量的系列分布图。这样可以做到精确地对作物生长进行管理。

利用飞机进行播种、施肥、除草等工作，作业费用昂贵。合理地布设航线和准确地引导飞机，将大大节省飞机作业的费用。据国外介绍，利用差分 GPS 对飞机精密导航，估计会使投资降低 50%。具体应用中，利用 GPS 差分定位技术可以使飞机在喷洒化肥和除草剂时减少横向重叠，节省化肥和除草剂用量，避免过多的用量影响农作物生长。还可以减少转弯重叠，避免浪费，节省资源。对于在夜间喷施，更有其优越性。因为夜间蒸发和漂移损失小，另外夜间植物气孔是张开的，更容易吸收除草剂和肥料，提高除草和施肥效率。依靠差分 GPS 进行精密导航，引导农机具进行夜间喷施和田间作业，可以节省大量的农药和化肥。

④ 农业机械化田间作业。

在 GPS 系统的帮助下能够准确实时地获得其所在的地理位置坐标，因而对土壤实施定点管理目前成为一项比较成熟的技术获得推广与使用。把这一技术应用于变量机械施肥，施肥机械在控制系统的控制作用下可根据事先生成的处方施肥图进行施肥。在缺少肥料的地方多施肥，在土壤养分高的地方减少施肥量，在不需施肥的地方停止化肥的施入。这样的方法不但可以使施肥在数量上准确，而且施肥的位置也可以十分精确。在施肥过程中变量施肥机上安装的计算机首先依据接收到的 GPS 信息确定出机械目前在地块中的地理坐标，将该坐标与变量施肥处方图的地理坐标进行匹配，如果两者坐标相互匹配，计算机则将处方网中的施肥量信息传输给变量施肥控制系统，控制系统根据该施肥量信息控制施肥机构实现该位置处的精量施肥，随着机械作业位置的不断变化，实现机械在整个地块的变量施肥。

总之，GPS 技术在农业领域将发挥重要作用。在我国，尚需积极开展在农业中的应用研究以及相关设备的研制，特别在大平原地区，利用大规模的机械化生产的地区，应当重视 GPS 技术在农田作业和管理中的应用、GPS 在蝗虫防治及小麦锈病防治中的应用等。

① 定位功能的应用。

在勘查工作通过综合应用 GPS 和 GIS 两项先进技术，可望准确划定蝗虫易发区及小麦锈病的准确位置、地形地貌，为飞机及人工防治时精准施药，高效防治，减少环境污染提供科学依据，从而使飞机治蝗及其他工作彻底摆脱了依靠地面人工信号的历史。

由于蝗虫属于迁飞类害虫，对于其迁飞路径，GPS 的位置实时回传功能可以对确定其迁飞

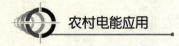

路径及科学的综合防治提供及时的准确的数据。

② 测面积功能的应用。

通过 GPS 与 GIS 的结合，可准确测量出蝗虫灾害面积或小麦锈病病发区面积，为合理喷药提供科学依据，对灾害评估及病虫害防治测报工作的科学管理起着重要作用。

6.4 思考题与习题

1. "全球定位系统"的基本组成是什么？
2. 应用 GPS 对谷物测产系统的基本组成是什么？
3. GPS 在现代农业信息中的应用是什么？

第 7 章

农村大棚自动控制技术

7.1 农村大棚的结构和特点

1. 塑料薄膜大棚

塑料薄膜大棚是农村常见大棚结构，主要是由立柱、拱杆、拉杆（纵梁、横拉）、压杆（压线膜）等部件组成，即俗称的"三杆一柱"形式。这类大棚骨架使用的材料比较简单，容易造型和建造。具有采光性能好，光照分布均匀；保温性能好，结构抗风雪能力强等特点。目前的塑料薄膜大棚主要由竹木结构单栋大棚、钢架结构单栋大棚、镀锌管装配式大棚等结构。

1）竹木结构单栋大棚

这类大棚的跨度为 8~12 m，高 2.4~2.6 m，长 40~60 m，单栋面积 0.5~1 亩。由立柱（竹、木）、拱架、吊柱、棚膜压杆（或压线膜）和地锚等构成，如图 7-1 所示。

2）钢架结构单栋大棚

在图 7-2 中，这类大棚的骨架采用钢筋或钢管焊接而成，按照大棚骨架结构不同，可以分为单梁拱架、双梁拱架、三角形（由三根钢筋组成）拱架等。通常大棚宽度 10~12 m，高 2.5~3.0 m，长度 50~60 m，单栋面积一般 1 亩左右。这类大棚强度大，刚性好，耐用年限可达 10 年以上，但用钢材较多，造价偏高。

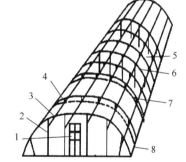

1—门；2—立柱；3—拉杆（纵向拉梁）；4—吊柱；
5—棚膜；6—拱杆；7—压杆（或压膜线）；8—地锚

图 7-1 竹木结构大棚示意图

3）镀锌管装配式大棚

这类大棚骨架采用内外壁热浸镀锌钢管制造，抗腐蚀能力强，使用寿命 10~15 年，抗风荷载 31~35 kg/m^2，抗雪荷载 20~24 kg/m^2。代表性的 GP-Y8-1 型大棚，其跨度 8 m，高度 3 m，长度 42 m，面积 336 m^2；拱架以 1.25 mm 薄壁镀锌钢管制成，纵向拉杆也采用薄壁镀锌钢管，用卡具与拱架连接；薄膜采用卡槽及蛇形钢丝弹簧固定，还可外加压膜线，作辅助固定薄膜之用；该棚两侧还附有手动式卷膜器，取代人工扒缝放风。装配式钢管大棚结构如图 7-3 所示。

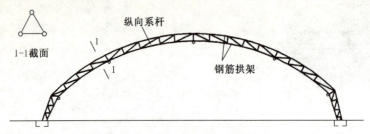

图 7-2　钢架结构单栋大棚

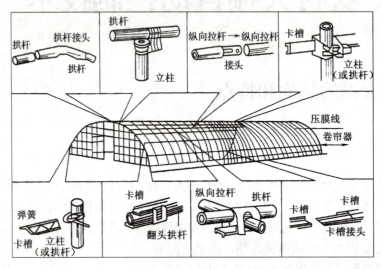

图 7-3　装配式钢管大棚结构

2. 日光温室

日光温室是我国设施农业发展过程中的特有类型，是以日光能作能源，白天靠入射的太阳辐射来提高温度，夜间靠白天储积的热量来维持室温，一般只在连续阴天或极端冷天才少量加热，其冬季加温的能耗占加温温室的极少比例，因此此类温室被称为节能型日光温室，该类温室适合在北方高纬度地区使用。

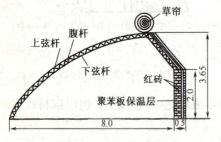

图 7-4　日光温室结构

日光温室一般坐北朝南，东西延长，南向有塑料薄膜覆盖的透明采光面，北墙、山墙和北墙为不透明且保温的维护结构，夜间南坡用草帘等进行覆盖以使室内温度不至于下降过快，从而达到保温的作用。日光温室结构如图 7-4 所示。

3. 连栋温室

连栋温室属于大型温室，室内设备、设施配套齐全，并且能有效控制室内气候，有的还采用自动化程序控制。主要在示范区建造。这种温室一般面积都比较大，建造投资也高，栽培蔬菜的温室多以 15～30 亩为一栋，花卉温室在 10 亩以下，科研温室则面积更小一些，面积大小悬殊较大，主要根据生产和科研需要而定。

这种大型温室多采用钢、铝合金结构，跨与跨之间用天沟（排水沟）连接，用立柱支撑，室内供热保温，温度控制，灌溉等多采用自动化或半自动化，其长度和宽度很不严格，多为几十米甚至上百米的长方形或正方形。其跨度、高度的确定也主要是从能够获得较多的光照，便于操作管理来考虑的。现有温室跨度多为 4～10 m，屋脊高 4.6～5.5 m，檐高 3.5～4.5 m，屋面角度 25°～28°，连栋温室的基本形式如图 7-5 所示。目前的连栋温室覆盖材料有塑料薄膜、PC 板、玻璃等。

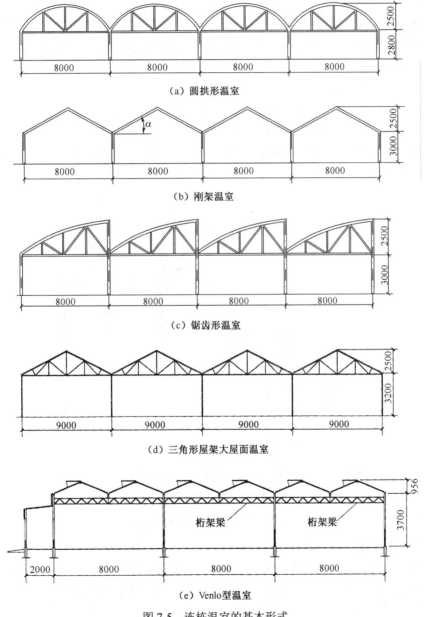

图 7-5　连栋温室的基本形式

7.2 农村大棚的控制设备的结构

目前温室大棚中的控制设备主要包括开窗系统、强制通风系统、拉幕系统、湿帘风机降温系统、加热系统、灌溉系统等,根据不同温室大棚类型、建造地区配置有一定差异。

1. 开窗机构

温室大棚开窗机构是在温室大棚中使用电力或人工,通过开窗传动机构将温室大棚天窗、侧窗开启和关闭的系统,主要用于温室大棚的自然通风。目前常用的开窗机构有齿轮齿条开窗机构和卷膜开窗机构。

1)齿轮齿条开窗机构

齿轮齿条开窗机构是目前最常用的开窗机构,其核心是齿轮齿条和减速电机。齿轮齿条开窗机构具有性能稳定、运行可靠、承载力强、传动效率高、便于实现自动控制的特点。主要用于玻璃温室和PC板温室的天窗、侧窗的开闭,齿轮齿条开窗机构示意图如图7-6所示,根据窗洞原理和齿轮齿条的布置的差异,系统结构有相应的变化。

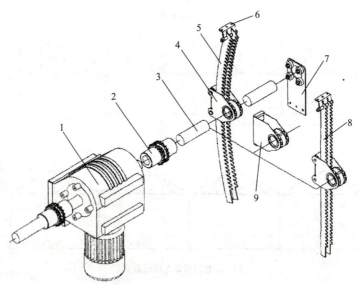

1—减速电机;2—联轴器;3—镀锌驱动轴;4—A型开窗齿轮;5—弧形齿条;
6—绞支座;7—轴承座;8—直性齿条;9—B型开窗齿轮

图7-6 齿轮齿条开窗机构示意图

2)卷膜开窗机构

卷膜开窗机构是目前最普及的一种开窗机构,其核心部件是卷膜电机和卷膜轴。卷膜机构具有性能稳定、成本低廉、运行可靠,主要用于覆盖材料为塑料薄膜的温室大棚屋顶天窗和侧窗的开窗机构,卷膜机构有手动和电动两种。图7-7为卷膜机构结构示意图。

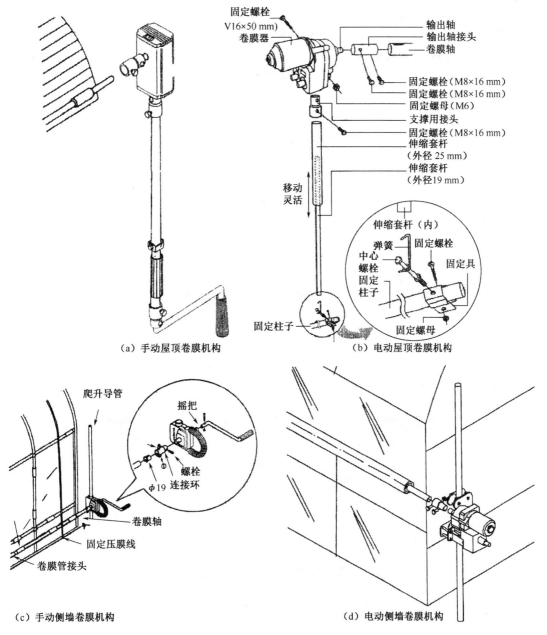

图 7-7 卷膜机构结构

2. 拉幕系统

温室大棚的拉幕系统主要用于室内外遮阳网和内保温系统中,遮阳网系统是在强光气候时,利用一定遮光率的材料进行遮光,以减少室内光照强度达到调节光照和降温的目的;保温幕是在低温条件下,利用保温材料使温室大棚内部形成局部的封闭空间,减少室内外热量交换,达到保温的作用。幕帘的材料有尼龙、无纺布、塑料编织幕、缀铝遮阳保温幕等。目前常用的拉幕系统有齿轮齿条拉幕系统和钢索拉幕系统。

1）齿轮齿条拉幕系统

齿轮齿条拉幕系统利用齿轮齿条机构将驱动电机的旋转运动转化为齿条的直线运动，实现遮阳网和保温幕的展开和收拢，其特点是传动平稳、传动精度高。但是由于受齿条长度和安装空间的限制，一般用于行程小于 5 m 的场合。图 7-8 为齿轮齿条拉幕机系统组成。

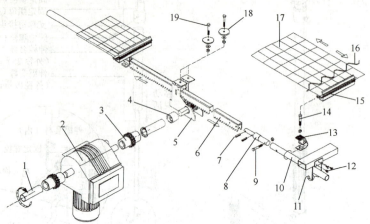

1—镀锌驱动轴；2—减速电机；3—联轴器；4—焊合接头；5—齿轮座；6—齿条；7—弹性圆柱销；8—拉幕齿条-推杆接头；9—螺栓；10—推杆；11—支撑滚轮；12—六角头自钻自攻钉；13—推杆-导杆连接卡；14—T 形螺栓；15—驱动边铝材；16—卡簧；17—遮阳网（保温幕）；18—齿轮座垫片；19—螺栓

图 7-8　齿轮齿条拉幕机系统组成

2）钢索拉幕系统

钢索拉幕系统是利用钢索和换向轮将驱动电机的旋转运动转化为钢索的直线运动，实现遮阳网和保温幕的展开和收拢。其特点是传动形式简单、造价低廉，安装不受空间限制，行程不受限制，在大型温室中可以使用。图 7-9 为钢索拉幕系统的组成。

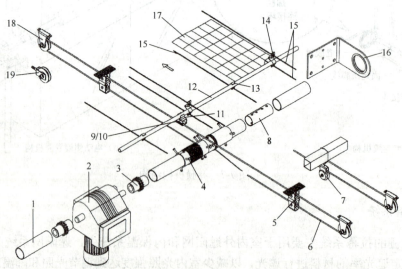

1—镀锌驱动轴；2—减速电机；3—联轴器；4—紧线套筒；5—托线轮；6—驱动钢索；7—吊线轮；8—轴接头；9—驱动卡；10—螺栓；11—拉杆夹；12—驱动边铝杆；13—小定位导向夹；14—大定位导向夹；15—托幕线；16—轴承；17—遮阳网（保温幕）；18—换向轮；19—换向轮

图 7-9　钢索拉幕系统的组成

3. 强制通风系统

温室大棚通风是室内空气与室外空气进行交换的过程，以实现室内温度、湿度、二氧化碳浓度调控以及有害气体排除。温室大棚通风有强制通风和自然通风，自然通风是利用室内外的风压差来实现通风，大棚设置的天窗、侧窗的主要作用就是实现自然通风。强制通风是利用机械的方式强制实现大棚室内外空气交换，目前常用的强制通风方式为风机通风。目前在温室大棚中常用的为低压大流量轴流风机，其特点是空气流的阻力较小，压力损失低。图7-10为风机系统示意图，主要由风叶、电机、扇框、护网、支撑架、百叶窗等组成。

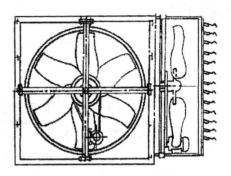

图7-10 风机系统示意图

4. 湿帘风机系统

在夏季高温季节，为满足温室大棚内的温度要求，需要进行降温措施，湿帘风机降温是目前温室内广泛使用的降温方式，其原理是利用水的蒸发降温原理。湿帘风机系统由湿帘降温装置和风机组成，图7-11为湿帘风机系统示意图。风机为低压轴流风机，湿帘降温装置包括湿帘材料、支撑湿帘材料的湿帘箱体或支撑构件、加湿湿帘的配水和供水回路以及水泵等，如图7-12所示。

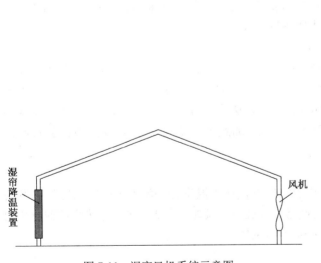

图7-11 湿帘风机系统示意图

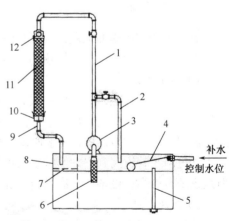

1—供水管路；2—分水管路；3—水泵；4—浮球阀；
5—溢流管；6—过滤装置；7—过滤网；8—集水箱；
9—回水管路；10—湿帘支撑构件；11—湿帘；
12—配水箱

图7-12 湿帘装置简图

5. 灌溉系统

灌溉系统是将灌溉用水从水源提取，经适当加压、净化、过滤等处理后，由输水管道送入田间灌溉设备，最后由灌溉设备对作物进行灌溉。一套完整的灌溉系统包括水源、首部枢纽、供水管网、田间灌溉系统和自动控制设备五部分组成，图 7-13 为典型的温室灌溉系统结构图，简单的灌溉系统也可以由其中的某些部分组成。现在农业大棚中常见的灌溉系统有管道灌溉、滴灌、微喷、渗灌、行走式灌溉机等，其主要区别就是田间灌溉系统不同。

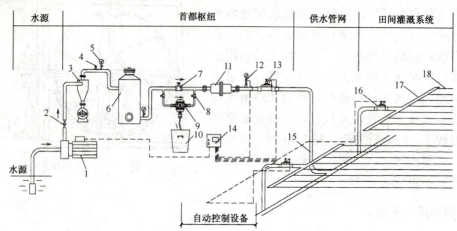

1—水泵及动力机；2—止回阀及总阀；3—水砂分离器；4—排气阀；5—压力表；6—介质过滤器；7—施肥控制阀；8—施肥开关；9—水动施肥器；10—肥液桶；11—叠片过滤器；12—压力传感器；13—主控电磁阀；14—灌溉控制箱；15—供水干管；16—灌区阀门；17—供水支管；18—灌水器（滴灌带、滴头、微喷头等）

图 7-13 典型的温室灌溉系统结构图

6. 加温系统

温室大棚在冬季的低温条件下要进行加温以满足作物生长的需求，目前较常见的温室大棚加温方式有热水加热、热风加热和电热线加热等方式。

1）热水加热

热水采暖是以热水为热媒的采暖系统，由锅炉、热水输送管道、循环水泵、散热器以及各种控制和调节阀门组成。其基本工作过程是用锅炉将水加热，通过水泵加压，通过供热管道供给在温室大棚内的散热器，热水通过散热器将热量传递给室内空气以达到加温的目的，冷却的热水通过回水管道回到锅炉继续加热循环使用。此种加温方式温度稳定、热损失小、运行经济，但是系统造价高、设备的一次性投资高。

2）热风加热

热风加热是通过热风加热系统将加热的空气直接送入温室提高温室大棚室内空气温度的加温方式。热风加热系统由热源、空气热换器、风机和送风管道组成。热风加热系统的热源由燃油、燃气、燃煤获电加热等方式。图 7-14 为热风加热系统的工作原理。

3）电热线加热

电热线加热是利用电流通过电阻率大的导线将电能转变为热能进行空气或土壤加温的加温方式。电热线加温方式不受季节、地区限制，可根据种植植物的要求和天气条件控制加温的时间和强度，具有升温快、热量分布均匀、稳定，使用方便等优点，但是利用这种加热方式耗能大、运行费用高，主要用于育苗和实验温室等场合。

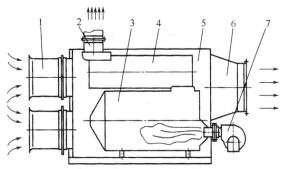

1—风机；2—烟囱；3—炉膛；4—换热片；5—换热腔；6—出风口；7—燃烧器

图 7-14　热风加热系统的工作原理

7.3　农村大棚的自动控制设备的安装和选择

1. 开窗系统

1）齿轮齿条开窗系统

齿轮齿条开窗系统参数的选择主要是根据开窗方式、齿轮座的形式以及窗户的大小和数量确定。表 7-1 至表 7-3 为开窗减速电机、齿轮座和齿条、涡轮减速箱的规格和技术参数。

表 7-1　开窗减速电机规格和技术参数（北京碧斯凯农业科技有限公司）

型　　号	功率（kW）	输出扭矩（Nm）	转速（rpm）	电压（V）	生产厂家
GW10	0.09	100	2.6	380，3 相	Degier
GW10	0.18	100	5.2	380，3 相	Degier
GW30	0.26	300	2.6	380，3 相	Degier
GW30	0.37	300	5.2	380，3 相	Degier
GW40	0.37	400	2.6	380，3 相	Degier
GW40	0.37	400	5.2	380，3 相	Degier
GW80	0.75	800	2.6	380，3 相	Degier
GW80	0.75	800	5.2	380，3 相	Degier
WJN40	0.37	400	2.6	380，3 相	Besky
WJN40	0.55	400	5.2	380，3 相	Besky
WJN80	0.75	800	2.6	380，3 相	Besky
WJN80	0.75	800	5.2	380，3 相	Besky
RW243-25	0.25	240	3.0	380，3 相	Ridder
RW245-37	0.37	240	5.0	380，3 相	Ridder
RW403-37	0.37	400	3.0	380，3 相	Ridder
RW405-55	0.55	400	5.0	380，3 相	Ridder
RW603-55	0.55	600	3.0	380，3 相	Ridder
RW605-110	1.1	600	5.0	380，3 相	Ridder
RW1000-110	1.1	1000	3.0	380，3 相	Ridder
RW1000-150	1.5	1000	5.0	380，3 相	Ridder

表 7-2　齿轮座和齿条的规格和技术参数（北京碧斯凯农业科技有限公司）

分类	型号	长度/行程（mm）	推力（N）	扭矩（Nm）	速比	单圈行程（mm）	重量（kg）
A 型排齿齿轮	THG30UNIT				1∶1	138.2	0.5
B 型排齿齿轮	THG30UNIT.E				1∶1	138.2	0.5
排齿直齿条	THG3021	L1048/858	350	7.7			1.3
排齿直齿条	THG30.2.2	L1250/1060	350	7.7			1.5
排齿直齿条	THG30.2.3	L1451/1261	350	7.7			1.7
排齿直齿条	THG30.2.4	L1652/1462	350	7.7			1.9
排齿弧形齿条	THG30.2.5	L1048/858	350	7.7			1.3
排齿弧形齿条	THG30.2.6	L1250/1060	350	7.7			1.5
排齿弧形齿条	THG30.2.7	L1451/1261	350	7.7			1.7
排齿弧形齿条	THG30.2.8	L1652/1462	350	7.7			1.9
轨道式齿轮齿条	THG25R.1	L1050/750	5000	32.5	2.76	36.4	9
轨道式齿轮齿条	THG25R.2	L1200/900	5000	32.5	2.76	36.4	9.5
轨道式齿轮齿条	THG25R.3	L1400/110	5000	32.5	2.76	36.4	10
轨道式齿轮齿条	THG42R.1	L1050/750	8500	55.25	2.76	36.4	10
轨道式齿轮齿条	THG42R.2	L1200/900	8500	55.25	2.76	36.4	10.5
轨道式齿轮齿条	THG42R.3	L1400/1100	8500	55.25	2.76	36.4	11
摆臂式齿轮齿条	THG24S.1	L3200/750	2400	17.36	2.76	40.91	145
摆臂式齿轮齿条	THG24S.2	L3200/900	2400	17.36	2.76	40.91	16.5
摆臂式齿轮齿条	THG24S.3	L4000/750	2400	17.36	2.76	40.91	17
摆臂式齿轮齿条	THG24S.4	L4000/900	2400	17.36	2.76	40.91	19
摆臂式齿轮齿条	THG49S.1	L3200/750	4200	25.32	2.76	34.09	15
摆臂式齿轮齿条	THG49S.2	L3200/900	4200	25.32	2.76	34.09	17
摆臂式齿轮齿条	THG49S.3	L4000/750	4200	25.32	2.76	34.09	175
摆臂式齿轮齿条	THG49S.4	L4000/900	4200	25.32	2.76	34.09	19.5

表 7-3　涡轮减速箱技术参数表（北京碧斯凯农业科技有限公司）

名　称	额度扭矩（Nm）	额度转速（rpm）	速比	重量（kg）
GWK240 涡轮减速箱（L）	240	19.6	35∶1	11.0
GWK240 涡轮减速箱（R）	240	19.6	35∶1	11.0

2）卷膜开窗机构

卷膜开窗机构有手动和电动两类，表 7-4 为手动卷膜机的技术参数，表 7-5 为电动卷膜机技术参数。

表 7-4　手动卷膜机的技术参数（北京丰隆公司）

型　号	用　途	卷膜长度	卷膜高度	额定扭矩	速　比
NS101	侧卷膜	≤50 m	1.5 m	25 Nm	1∶1
NS104	侧卷膜	≤100 m	1.5 m	35 Nm	4∶1
NA102	顶侧卷膜	≤50 m	1.5 m	25 Nm	2∶1
NA104	顶侧卷膜	≤100 m	1.5 m	30 Nm	4∶1
NA105	顶卷膜	≤100 m	2.0 m	40 Nm	5∶1
NS105	侧卷膜	≤100 m	20 m	40 Nm	5∶1

表7-5 电动卷膜机的技术参数（寿光金棚现代农业装备有限公司）

卷帘机型号	JP-150	JP-160	JP-2008	JP-5006	JP-5008	JP-6008
外型尺寸（长×宽×高）mm	640×370×290	615×360×340	610×370×300	460×370×260	610×370×300	660×370×300
配套电机功率（kW）	1.5	1.5	1.5	1.1	1.5	1.5
配套电机转速（r/min）	1400	1400	1400	1400	1400	1400
输出轴转速（r/min）	1.74	1.37	1.5	1.32	1.35	1.2
变速箱转动型式	直齿轮式	直齿轮式	直齿轮式	直齿轮式	直齿轮式	直齿轮式
变速箱内变速级数	3	3	3	4	4	5
带轮转动比	3.3∶1	3∶1	3∶1	3∶1	3∶1	3∶1
变速箱内转动比	241∶1	339∶1	318∶1	316∶1	311∶1	350∶1
总转动比	800∶1	1017∶01	954∶1	948∶1	933∶1	1050∶1
箱体注油种类和注油量（kg）	3.5 kg 机油	3.5 kg 机油	3.5 kg 机油	4 kg 机油	3.5 kg 机油	3.5 kg 机油
变速箱净重（kg）	90	92	95	70	100	105

2. 拉幕系统

齿轮齿条拉幕机的主要部件为减速电机、齿轮座和齿条，拉幕机的减速电机和齿轮齿条开窗减速电机通用，表7-6、表7-7分别为拉幕机的齿条和齿轮座的技术参数。

表7-6 拉幕机齿条技术参数

型 号	长度（mm）	壁厚（mm）	推力（N）	重量（kg）	生产厂家
THG40	2959	3	450	6	Degier
THG40	3160	3	450	6.4	Degicr
THG40	3965	3	450	8	Degier
THG40	4467	3	450	9	Degier
THG40	4970	3	450	10.1	Degier
GR05-130	2959	2.75	412	5.5	Besky
GR05-132	3160	2.75	412	5.9	Besky
GR05-140	3965	2.75	412	7.4	Besky
GR05-145	4467	2.75	412	8.3	Besky
GR05-150	4970	2.75	412	9.3	Besky
H40-3	2959	3	450	6	Rldder
H40-3	3160	3	450	6.4	Rldder
H40-3	3965	3	450	8	Ridder
H40-3	4467	3	450	9	Rldder

表7-7 拉幕机齿轮座的技术参数

	型 号	速比	扭矩（Nm）	单圈行程（mm）	重量（kg）	生产厂家
A型	THG40,UN1T	1.82	5.7	75.8	2.15	Degier
	RBll5-160	1.82	6.0	76	2.2	Besky
	TUS25-40	1.8	6.7	79.2	2.1	Rldder
B型	THG40.UNIT.V	1	10.4	138.23	0.55	Degier
	RB05-180	1	10.5	138	0.6	Besky
	TlJ21-40	1		138.2	0.55	Rldder

3. 风机系统

目前常用的通风机为轴流式低压大流量风机，风机的选择根据温室大棚的规模选择，表 7-8 为轴流式风机的技术参数。

表 7-8 轴流式风机技术参数

型 号	叶轮直径（mm）	主轴转速（rpm）	电机转速（r/min）	风量（m³/h）	电压（V）	功率（kW）	外形尺寸（mm）
TFJ-12.5	1250	392	1400	44500	380	1.1	1440×1440×445
TFJ-10	1000	510	1390	29000	380	0.75	1150×1150×440
DJF-50	500	1350	1350	8500	380	0.3	620×620×380
DJF-60	600	1350	1350	9700	380	0.37	720×720×380
DJF-75	750	960	960	13800	380	0.55	820×820×380
QCHS-100	1000	600	1350	32500	380	0.75	1100×1100×400
QCHS-125	1250	325	1350	40500	380	0.75	1400×1400×400
QCHS-140	1400	325	1350	55800	380	1.1	1550×1500×400
QCHS-160	1600	325	1420	68500	380	2.2	1750×1750×400

4. 加热系统

目前在农用大棚中使用的较为普遍的加热系统为热风机加热和电热线加热系统，热水加热系统根据用户的要求选择锅炉。

1）热风机加热系统

目前国内温室大棚中使用的热风机的设备和规格较多，使用的燃料有燃油、燃煤、燃气等。表 7-9 和表 7-10 分别为较常用的燃油和燃煤热风机的基本技术参数，具体在选用时可根据需要的加热量选择合适的规格和燃料形式。

表 7-9 燃油热风机的技术参数（胖龙邯郸温室工程有限公司）

技 术 参 数	RFJ50	RFJ100	RFJ150
热输入功率（kW）	56	110	160
热输出功率（kW/kcal）	50/42960	100/86000	150/129000
热效率%	≥90	≥90	≥90
适用燃料	柴油	柴油	柴油
耗油量（kg/h）	4.7	9.3	14
油泵工作压力（bar）	8～15	8～15	8～15
风机风量（m³/h）	8567	11730	14656
设计风温（℃）	60	60～80	60～90
温控范围（℃）	0～35	0～35	0～35
电源（V/Hz）	380 V/50 Hz	380 V/50 Hz	380 V/50 Hz
电功率（kW）	1.13	1.61	2.3
出烟口直径（mm）	140	200	220
出风口直径（mm）	500	600	600
重量（kg）	110	160	173
外形尺寸（长×宽×高，mm）	1490×640×750	1710×700×860	2100×780×880
送风距离（m）	65	65	65

表 7-10 燃煤热风机的技术参数（胖龙邯郸温室工程有限公司）

基本参数	RFM-10	RFM-20
热输出功率（kcal）	100000	200000
耗煤量（kg/h）	15~25	25~35
热风量（m³/h）	12000	22000
热效率	≥80%	≥80%
电源	AC 380/220	AC 380/220
电功率（kW）	1.65	3
出风口温度	50~80℃	50~85℃
供暖面积（m²）	≥600	≥1000
重量（kg）	600	800
外形尺寸	1400×800×1650	1800×1000×1700

2）电热线加热系统

电热线的长度是采暖设计的主要参数。其值取决于采暖负荷的大小，由加温面积、规格（材料、截面面积和电阻率大小）以及所用电源和电压等条件确定。表 7-11 为电热线的主要规格和技术参数。

表 7-11 电热线的主要规格和技术参数（北京农业机械研究所）

型号	电压（V）	电流（A）	功率（W）	长度（m）	包标	使用温度
DV20410	220	2	400	100	黑	≤45℃
DV20406	220	2	400	60	棕	≤40℃
DV20608	220	3	600	80	蓝	≤40℃
DV20810	220	4	800	100	黄	≤40℃
DV21012	220	5	1000	120	绿	≤40℃

7.4 农村大棚的典型电路图

1. 温室大棚配电系统电路图

温室大棚的低压配电主要有单栋棚配电设计与连栋温室大棚配电设计两种。

1）单栋大棚配电系统

对于单栋温室大棚主要用电设备包括照明灯具、插座、卷帘机与外遮阳电机等，一般负荷在 1~2 kW。大棚内安装湿帘风机降温系统、加热系统时应按照设备要求进行适当调整。此类配电箱兼做控制箱，内设总断路器、照明、插座、卷帘电机、外遮阳电机等支路断路器，插座电路必须安装漏电断路器，配置照明、插座应满足高湿度条件下使用。常用单栋温室大棚配电箱系统电路图如图 7-15 所示。

2）连栋温室大棚配电系统

对于连栋温室大棚，主要用电设备包括照明灯具、插座、灌溉和湿帘用水泵、风机、天窗和侧窗电机、遮阳网电机、环流风机等，每个电机需单独配置分支断路器。5000 m² 以下的配电柜可兼做控制柜，其配电系统电路图如图 7-16 所示。5000 m² 以上的大型温室大棚配电系统需将控制柜、总配电柜和照明配电柜分开,图 7-17 为总配电系统电路图,图 7-18 为控制柜配电系统电路图。

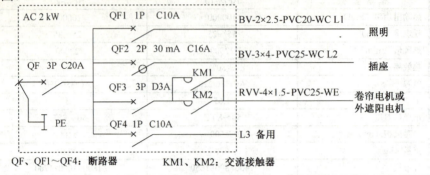

图 7-15 常用单栋温室大棚配电箱系统电路图

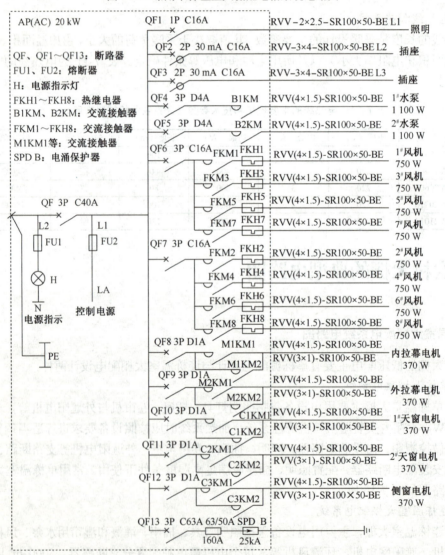

图 7-16 5000 m² 以下连栋温室大棚配电系统电路图

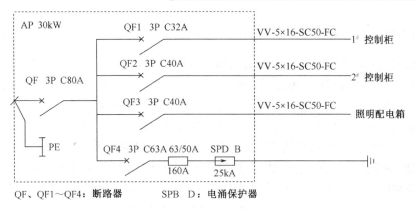

图 7-17　大面积连栋温室大棚总配电系统电路图

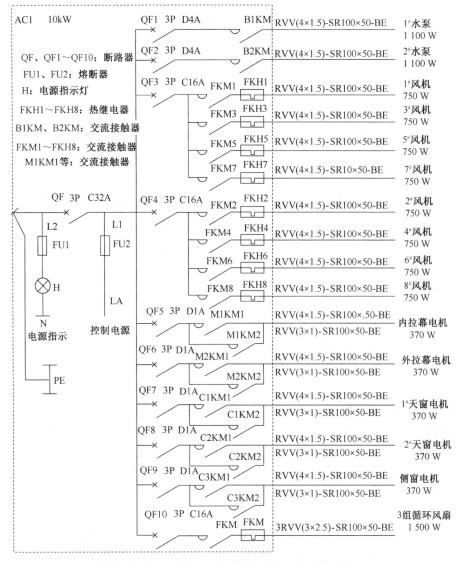

图 7-18　大面积连栋温室大棚控制柜配电系统电路图

2. 温室大棚控制设备电路图

温室大棚控制系统主要分为正反转设备和开关设备，正反转设备包括开窗、拉幕等，开关设备包括轴流风机、环流风机、水泵等。根据温室大棚的档次和设备配备情况，温室大棚的控制设备有手动控制设备和自动控制设备。手动控制系统一般用于单栋大棚和简易型连栋温室大棚，自动控制设备用于高档温室大棚，自动控制设备有按温度、湿度、时间的控制和计算机综合环境控制，一般在自动控制系统中均包含手动控制，可以进行手/自切换。

手动控制：手动控制设备是由温室大棚管理人员根据温室内、外的环境条件（温度、湿度、光照等）来控制风机、遮阳网、窗户的电机的开闭，这种控制方式简单、经济，但是控制对操作人员的技术要求较高。图 7-19 为开窗系统手动控制电路图。

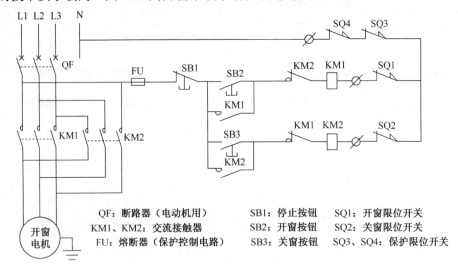

图 7-19　开窗系统手动控制电路图

温度控制系统：温室温度自动控制是利用温度控制仪来自动控制温室大棚的天窗、遮阳网等设备的开闭。系统通过温度传感器获得当前温室大棚内的温度值，当采集的温度值高于控制系统的设定上限值时，控制仪发出指令控制电机开窗；当温度低于设定下限值时发出关窗指令。图 7-20 为天窗系统温度控制电路图。

对于遮阳网还可以采用时间和光照度自动控制，其电路设计时将温度控制仪改为定时器和光照控制仪即可实现。

3. 开关设备控制电路图

手动控制：图 7-21 为风机的手动控制电路图，对于风机数量较多时，应采用分组控制，以免在启动时电流值过大。

自动控制系统：开关设备的自动控制和正反转设备的自动控制原理基本相同，图 7-22 为风机的温度自动控制系统，当室内温度超过温控仪的设定上限值时系统发出开风机指令，当低于设定下限值时系统发出关风机指令。对于灌溉系统目前常用时间控制方式，即设定灌溉水泵的开启和关闭时间，实现自动灌溉，其电路与风机基本相同。对于计算机控制系统，将温控仪的输入/输出端子改为计算机控制系统的相应端子。

第 7 章 农村大棚自动控制技术

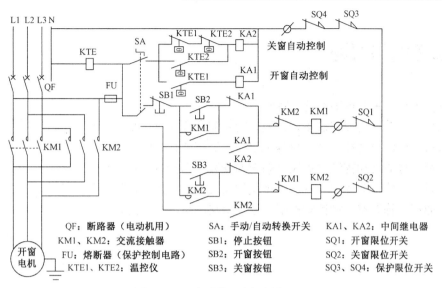

图 7-20 天窗系统温度控制电路图

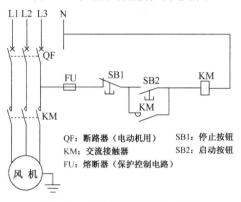

图 7-21 风机的手动控制电路图

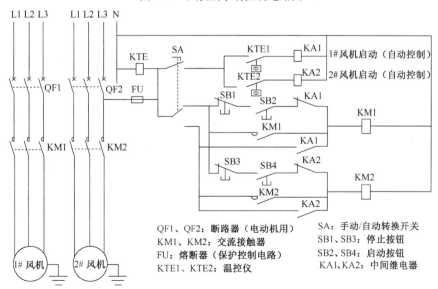

图 7-22 风机的温度自动控制电路图

7.5 思考题与习题

1. 农村大棚的主要控制设备有哪些？
2. 农村大棚的自动控制设备开窗系统的安装和选择方法是什么？
3. 农村大棚的自动控制设备拉幕系统的安装和选择方法是什么？
4. 农村大棚的自动控制设备风机系统的安装和选择方法是什么？
5. 农村大棚的自动控制设备加热系统的安装和选择方法是什么？
6. 大面积连栋温室大棚控制柜配电系统电路图是什么样的？

第8章

自动化养鸡、养猪场的控制

8.1 概述

优良品种、科学喂养、疾病防治、营销策略以及畜牧工程设施是现代养殖业的五大环节，任何一个环节出现问题，都会造成严重的经济损失。现代养殖业在前四个环节已建立起较为完善的技术体系。如何选配与养殖规模相适应的畜牧工程设施，并对这些设施进行自动化控制就显得尤为重要。

8.2 自动化养鸡、养猪场的结构和特点

8.2.1 养殖场规划布局特点

养殖场通常可分成管理区、生产区和隔离区。各功能区应界限分明，联系方便。

管理区设在厂区内上风处及地势较高处，主要包括办公设施及与外界接触密切的生产辅助设施。

生产区可以分成若干个小区，每个小区内可以有若干栋禽畜舍，综合考虑禽畜舍间防疫、排污、防火和主导风向与禽畜舍间的夹角等因素。

隔离区设在场区内下风向处及地势较低处，主要为防止相互污染，与外界接触要有专门的道路相通。场区内设净道和污道，两者严格分开，不得交叉、混用。

8.2.2 养殖场的设计特点

养殖场的合理设计，可以使温度、湿度等控制在适宜的范围内，为禽畜群充分发挥遗传潜力，实现最大经济效益创造必要的环境条件。不论是密闭式禽畜舍，还是开放式禽畜舍，通风和保温以及光照是关键，是维持禽畜舍良好环境条件的重要保证，且可以有效地降低成本。

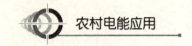

1. 通风特点

通风是调节畜舍环境条件的有效手段，不但可以输入新鲜空气，排出氨气（NH_3）、硫化氢（H_2S）等有害气体，还可以调节温度、湿度，所以在禽畜舍的建筑设计中必须重视通风设计。通风量是根据热平衡计算或者依据有害气体浓度控制要求来确定的。

通风方式有自然通风和机械通风两种，进风口和出风口设计要合理，防止出现死角和贼风等恶劣的小气候。自然通风依靠自然风（风压作用）和舍内外温差（热压作用）形成的空气自然流动，使禽畜舍内外空气得以交换。

通风量应按禽畜舍夏季最大通风值设计，计算风机的排气量，安装风机时最好大小风机结合，以适应不同季节的需要。排风量相等时，减少横断面空间，可提高舍内风速，因此三角屋架禽畜舍，可每三间用挂帘将三角屋架隔开，以减少过流断面。长度过长的禽畜舍，要考虑禽畜舍内的通风均匀问题，可在禽畜舍中间两侧墙上加开进风口。根据舍内的空气污染情况、舍外温度等决定开启风机多少。

2. 保温特点

升温可采用燃煤热风炉、燃气热风炉、暖气、电热育雏伞或育雏器。火炉供温的最大优点是方便，升温快；而火炉易倒烟，污染舍内空气。热风炉供温方式的优点是升温快，但缺点是舍内干燥，相对湿度在35%左右，很难提高舍内湿度，不利于雏鸡健康。火墙或火道供温方式舍内无烟污染空气，卫生干净，昼夜供温均衡，温差相对减小，从燃料供应上讲，烧煤、木材均可，获取燃料方便。不论采取哪种供温方式，保证鸡群生活区域温度适宜、均匀是关键，地面温度要达到规定要求，并铺上干燥柔软的垫料。

夏季高温导致禽畜体重下降，饲料报酬降低，成活率低，经济效益差，因此禽畜舍建设应尽量采用保温隔热材料，并采取必要的降温措施。当环境温度超过32℃时，增加通风量并不能提供舒适凉爽的环境，唯一有效的方法是采用蒸发冷却法。常用的是水帘降温法。水帘降温的原理是由波纹状的多层纤维纸通过水的蒸发，使舍外空气穿过这种波纹状的多层纤维纸空隙进入禽畜舍时使空气冷却，降低舍内温度。有条件的地方如果用深水井的水浸泡水帘，可以使禽畜舍内的温度下降6～14℃。

3. 光照特点

光照是构成禽畜舍环境的重要因素，不仅影响鸡的健康和生产力，光照时间的长短和强度以及不同的颜色还会影响禽畜的性机能。为使舍内得到适宜的光照，通常采用自然光照和人工光照相结合。光照与温度一样，整个禽畜舍要均匀一致，否则也会造成密度不均匀，最终影响禽畜的均匀度。

（1）自然光照就是让太阳直射光或散射光通过禽畜舍的开露部分或窗户进入舍内以达到照明的目的。自然光照的面积取决于窗户面积，窗户面积越大，进入舍内的光线越多。但采光面积不仅与冬天的保温和夏天的防热辐射相矛盾，还与夏季通风有密切关系。所以应综合考虑诸方面因素合理确定采光面积。

（2）人工光照人工照明可以补充自然光照的不足，而且可以按照动物的生物学要求建立人工照明制度。一般采用电灯作为光源。在舍内安装电灯和电源控制开关，根据不同日龄的光照要求和不同季节的自然光照时间进行控制，使家禽达到最佳生产性能。以养鸡场为例，肉鸡育雏期前两周光照 2～3 W/m²，育雏期后 0.75 W/m²，蛋鸡育雏期同肉鸡，育成期时光照降为 1～1.3 W/m²，18～20 周龄延长光照时间，增加光照强度至 4～5 W/m²，以促进产蛋量的提高。

8.3 自动化养鸡、养猪场控制设备的技术要求

8.3.1 自动化养鸡设备

自动化养鸡设备主要包括饮水器、牵引式地面刮板清粪机、孵化机、出雏机、链式和螺旋弹簧式喂料机、蛋鸡鸡笼和笼架、电热育雏保温伞等机械设备。

1. 自动化养鸡的饮水器及水管

（1）饮水器应垂直安装，且不妨碍鸡的活动，有利于鸡的饮水。
（2）饮水器零件不得有损伤，其螺纹部分不得有碰伤和断牙等缺陷。
（3）饮水器的供水源处应装有过滤器，滤网规格应不小于 200 目。
（4）调压用水箱应采用防锈、防腐材料，水箱应加盖，并经常清洗。在水中加入药液时，应充分考虑药液的特性，以防污染管壁。
（5）安装水管时，各连接处应密封，不得漏水。水管应采用不透明管，并采取避光措施。
（6）主水管应安装放水装置，放水装置应设在粪槽外，以免使鸡粪受潮。
（7）装配后饮水器应保证水压为 2～6 kPa（乳头式）、30～70 kPa（杯式）的情况下，10 min 内不滴水。

2. 牵引式地面刮板清粪机

（1）粪槽表面应为水泥（或其他坚硬材料）地面，表面平整光滑，牵引方向（纵向）坡度应不大于 0.3%，横向水平度不大于 0.2%，斜度只允许向运动方向倾斜，表面不得有凹坑沟槽。
（2）牵引绳（链）的绳轮（链轮）与转角轮沟槽中心线应在同一平面，偏差不得大于 10 mm。
（3）转角轮与绳轮的安装应牢固可靠。
（4）限位清洁器及清洁器与牵引绳中心应对正，牵引绳不得碰磨清洁器与压板中心槽内壁。
（5）刮粪板工作时，在整个宽度上刀口应与地面接触良好。刮板起落灵活，无卡碰现象。
（6）清粪机空运转时不得有异响。牵引绳不得有抖动，工作应平稳。
（7）安全离合器在允许负荷内，应结合可靠，超过负荷时应能完全分离。
（8）往复清粪机相邻两个刮板工作行程的重叠长度应不小于 1 m。

3. 自动化孵化机、自动化出雏机设备

（1）孵化用的房间大小应能满足消毒、进蛋、照蛋、出雏的操作要求，应有足够的空间，有利于调节室内的温度和湿度。
（2）地面应为水泥（或其他坚硬材料）地面，有利于消毒和冲洗。

(3) 孵化用房间周围不允许有较大的振动和强电磁场。

(4) 环境粉尘含量应不大于 10 mg/m³。

(5) 孵化用房间的环境温度应为 18～27℃，相对湿度为 40%～80%。

(6) 孵化机（出雏机）在使用前应校对门表与温度场平均温度的实际误差，以正确调整孵化温度。

(7) 采用手动翻蛋时，操作应均匀，避免冲击。

4. 自动化养鸡喂料机

自动化养鸡设备：链式喂料机。

(1) 食槽和接头应连接可靠，不得有松动或伸缩现象。其接缝处间隙应不大于 1 mm，且只允许顺链片运动方向搭接。

(2) 转角轮安装后应在同一平面内，偏差不得大于 3 mm。转角器中的压条和链片间的间隙应调至 2～3 mm。驱动轮应通过安全销进行传动，与链条啮合应转动灵活。

(3) 喂料链连接时应按链片的运动方向套接，不能反装和倒转。链片张紧力应调到 300～400 N。清洁器应安装在靠进料箱的回料端，安装后应转动灵活，不得有卡碰现象。

(4) 可调支架应安全可靠，调整方便。安装提升机构时，应对屋架结构进行检验，其承载能力应不小于全套设备总质量的 2.5 倍。

(5) 电机的转向方向应与链片运动方向一致。

自动化养鸡设备：螺旋弹簧喂料机。

(1) 安装养鸡机械设备时应将弹簧张紧力调到 300～500 N。

(2) 带料位器的喂食盘应与输送管道保持垂直，以确保料位器能正常工作。

(3) 料箱与输送管应连接严密，不得漏料。

(4) 悬挂点及悬挂钢丝绳应有足够强度，钢丝绳的破断力不小于 12000 N。安装时应确保输送管为一直线，水平度不大于 0.1%。

(5) 饲料粒度应符合相应标准规定，不允许有麻绳、碎石等杂物。

5. 蛋鸡鸡笼和笼架

(1) 安装蛋鸡鸡笼的禽畜舍应为平整的水泥（或其他坚硬材料）地面，以利清粪和消毒。

(2) 禽畜舍应保持空气新鲜，室温保持在 18～25℃，相对湿度保持在 30%～50%。操作部位应有足够的空间。

(3) 安装养鸡机械设备后每组笼架间距与设计值的偏差应不大于 10 mm，前后网片应与地面保持垂直。

(4) 鸡笼的挂钩不得外翘，连接应夹紧，不得有滑动现象。组装后整列鸡笼和笼架应平直整齐，各层相邻的前网连接处应平齐，纵向水平度误差应不大于 0.1%，不得有扭翘现象。

(5) 组装后底网与水平面夹角应为 8°（误差 1°），滚蛋间隙与设计值偏差不大于 2 mm。

(6) 严禁踩踏鸡笼，以防网片开焊，笼体变形。

(7) 安装笼架时应有利于光照和通风。

第 8 章 自动化养鸡、养猪场的控制

6. 电热育雏保温伞

（1）保温伞使用的配接导线应符合 GB5023.1 的要求。
（2）保温伞使用的环境温度应不低于 16℃。
（3）电加热线在温床内的布线间距为 20 mm，不允许交叉重叠，埋在床面下 25～30 mm 处。
（4）伞内照明设备应有独立电源和控制开关。
（5）一台温控器控制一台育雏伞，以确保温度。
（6）能够对温度进行调控。

8.3.2 自动化养猪设备分类

自动化养猪设备主要包括以下几大类：
房舍设备（包括定位栏、肥猪栏、分娩栏、保育栏、干湿喂料器、漏粉地板、饮水系统、）；
喂料系统有料塔、料线；
排粪设备（水泡粪、排污阀、刮粪板、粪便干湿分离设备、发酵设备）；
环境控制设备包括（风机、水帘、锅炉取暖、房顶排气扇、卷帘、喷雾消毒降温系统、进场消毒通道、猪舍环境自动控制箱）；
母猪管理设备（母猪定量饲喂料线、母猪电子饲喂器、母猪产房给料器）；
此外还包括公猪管理设备、种猪测定站、化验设备、配种工具、妊娠检测工具、B 超、猪只标示器件、猪场管理软件、猪场监控系统等。

这些设备当中，利用环境控制设备可以调整猪的生活环境的温度，满足猪的生长和生产需要。由于仔猪怕冷，大猪怕热，环境温度低会导致仔猪容易感染疾病甚至死亡，因此，仔猪应当保温。保温方法很多，其中诺廷根暖床系统、地面保温系统效果较为理想。环境温度高导致猪的采食量下降，生长不良，相对而言，大肉猪的问题较易解决，可以采用间歇性洒水方式来达到蒸发散热的目的。哺乳母猪在高温情况下只能用间歇性滴水的方式来散热，不能用洒水方式，因为洒下的水可能导致正在吃奶的仔猪受凉。在高温下分娩的母猪，不但会拉长分娩时间，造成仔猪死在腹中，而且降低泌乳量及初乳中的抗体，影响仔猪存活。因此，在分娩或哺乳舍中，使用母猪分娩栏，母猪躺卧的部分采用地面冷却的方法，让母猪有一个凉爽的环境。

下面将简要介绍常用的自动化环境控制设备。

1. 诺廷根暖床系统

该系统是德国专家 Bugl 和 Schwarting 教授在长期观察猪的行为基础上发明的用暖床养猪的新工艺，可满足猪体不同部位的不同温度需要，呼吸的是凉空气，躯体周围却保持温暖，同时还为猪提供采食、玩耍、蹭痒、淋浴、厕所等场所，符合猪的生态、生理和行为学需要，被猪所认可。该工艺在世界上日益受到重视和认可，越来越多的猪场采用该工艺。

该系统优点如下：（1）暖床具有良好的保温性能，舍外猪床只需简单的棚舍蔽护即可，操作方便。（2）与封闭式猪舍相比，可节省 50%建筑费用。（3）提高了生长速度和饲料利用率，缩短了生长期。（4）每个猪位的固定投入和流动资金低。（5）生产容易且安全。（6）猪舍环境

舒适，有利于猪的健康。采用诺廷根暖床系统养猪能满足猪的生理和行为学需要，猪食欲旺盛，采食量增加，增重加快。因床内温度高，减少了维持需要，提高了饲料利用率。一般情况下，可减少死亡率50%，采食量增加10%，日增重提高10%以上，缩短了饲养期，提高了经济效益。由于只需给仔猪加热到体重14千克，设备的加热系统又是可控的自动调节，与封闭式定位养猪相比，用电量大幅度下降，一般为定位饲养用电量的1/20。总之，诺廷根暖床养猪工艺符合猪的行为习性，具有较好的社会、生态和经济效益，特别是能有效地提高仔猪的成活率，采用这一新工艺，对于解决目前我国仔猪成活率低的突出问题，进而提高生产效率和经济效益，是非常必要的。

2. 地面保温或冷却系统

无论是仔猪保温还是母猪散热，都应有其最佳的适宜温度范围，过高或过低均不利于生产或造成能源浪费。维持地面恒温的最佳方式是以管线通水保温，在控制温度的热水出水口的最远端要装恒温调节器。当地面温度高于设定温度时，恒温调节器将储水式热水器水泵关闭而使地面冷却；当地面温度低于设定温度时，恒温调节器将储水式热水器水泵打开，以提高其温度。同样的原理可以用于地面冷却设施，唯一的差别是地面恒温调节器连在控制冰水抽取机的水泵上，当母猪所躺的地面温度高于某一设定温度时，水泵将冰水抽出循环，使地面温度下降，反之，当达到设定温度时，水泵抽水便停止工作，以保持其温度。

3. 间歇性淋浴自动控制系统

该系统使用过程中，淋浴最好是能让淋下的水分蒸发后再喷水，否则便不能达到蒸发散热的目的。采用自动控制式洒水，将自动控制设备调节在环境温度高于21℃以上时，每隔40分钟喷水1次约持续1~2分钟，据喷出的水量而定。淋浴的范围最好在漏缝地板上和靠近饮水器的地方。

4. 猪舍环境整体控制系统

目前，国内的猪舍环境控制通常是所谓的单项控制，如风扇、淋浴或滴水设备。将来的整体环境控制，可由各种感应器传回环境状况，再经计算机将资料分析判断后，决定采取相应的措施。例如，当外界温度尚可而猪舍内氨气浓度较高时，可通过通风设施和挡风帘等换气设备工作来达到最佳效果。同时，有关人员也可对感应器传回的资料进行研究，以供参考。

8.4 自动化养鸡、养猪场自动控制设备的安装和选择

8.4.1 风机的结构、选择、使用和维护

1. 风机的结构及工作原理

风机主要由风叶、百叶窗、开窗机构、电机、皮带轮、进风罩、内框架、机壳、安全网等

部件组成。开机时由电机驱动风叶旋转,并使开窗机构打开百叶窗排风。停机时百叶窗自动关闭。

机械通风依靠风机等机械动力强制进行禽畜舍内外空气交换。机械通风可以分为正压通风和负压通风两种方式。正压通风是通风机把外界新鲜空气强制送入禽畜舍内,使舍内压力高于外界气压,这样将舍内的污浊的空气排出舍外。负压通风是利用通风机将禽畜舍内的污浊空气强行排出舍外,使禽畜舍内的压力略低于大气压成负压环境,舍外空气则自行通过进风口流入禽畜舍。这种通风方式投资少,管理比较简单,进入舍内的风流速度较慢,禽畜感觉比较舒适。由于横向通风风速小,死角多等缺点,一般采取纵向通风方式。

采用纵向通风时,排风机全部集中在禽畜舍污道端的山墙上或山墙附近的两侧墙上。进风口则开在净道端的山墙上或山墙附近的两侧墙上,将其余的门和窗全部关闭,使进入禽畜舍的空气均沿禽畜舍纵向流动,由风机将舍内污浊空气排出舍外,纵向通风设计的关键是使禽畜舍内产生均匀的高气流速度,并使气流沿禽畜舍纵向流动,因而风机宜设于山墙的下部。

2. 风机的选择

选用风机时要着重考察影响风机性能的关键部件,如:机壳、进风罩、电机、风叶、转动总成、自动开启装置百叶窗。选择风机壳主要看冷镀锌板的镀层厚薄。薄的易锈,不宜选用;风机进风罩有镀锌钢板和玻璃两种材质,选用镀锌钢板为好;风机类型较多,材质有不锈钢、镀锌钢板、铝合金、彩钢板,从性能而言,宜选用不锈钢风叶。风叶造型多种多样,性能好的造型和加工工艺均复杂;转动总成有压铸铝、铸铁两种,相比之下,压铸铝性能较好;百叶窗自动开启装置有离心锤式、重力锤式和风吹式。从经验看,离心锤式较稳定,重力锤式易受积尘影响,启闭易失灵。风吹式主要用于 36 寸风机。百叶窗主要看其密合性是否优良。

3. 风机的使用与维护

(1) 风机长途运输时应加以保护包装。风机应竖放,避免重压、碰撞。搬运过程应轻拿轻放以防风机受损。

(2) 应定期对风机进行全面检查维护。轴承应加润滑剂,润滑开窗机构直三角胶带松紧是否合适,扫除风叶、百叶窗、电机等部件上的积尘。

(3) 注意风机电压。风机在正确使用时电源必须符合风机铭牌规定,电压上下偏差不得超过额定电压的 10%。风机停机时严禁使用外力开启百叶窗,以避免破坏百叶窗的密合性。

(4) 风机安装前必须进行"设备检查—试机"程序。设备检查首先要看运输中设备有无变形、损坏,各连接部件是否牢固,百叶窗的密合性(开窗机构是否正常,安全网是否到位)。风机试机要看风量、噪声、振动、能耗是否合格,若发现不明故障应立即停机。

(5) 若风机长期不用应封存在干燥环境下,严防电机绝缘受损。在易锈金属部件上涂以防锈油脂,防止生锈。

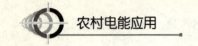

8.4.2　空气电净化设备的组成、使用和维护

1. 空气电净化设备的组成及使用特点

禽畜舍空气电净化防病防疫系统由控制器、直流高压电源、空间电极系统组成。是高电压小电流的电工类产品，对人畜无直接危害。工作形式呈自动循环间歇工作状态，日耗电较小，最大型的日耗电也不到 0.8 kW。该系统的维护简单，每月只需清扫 1 次绝缘子上的灰尘即可。

2. 粉尘的电净化

禽畜舍空气中的粉尘、气溶胶是引起动物呼吸系统问题的主要原因，保持禽畜舍空气清洁是预防动物疾病的基础。禽畜舍空气电净化防病防疫系统净化空气的原理同工业用的电除尘器的原理相同。在系统开始工作时，空气中的粉尘即刻在直流电晕电场中带有电荷，并且受到该电场对其产生的电场力的作用而做定向运动，在极短的时间内就可吸附于禽畜舍的墙壁和地面上。在系统间歇循环工作期间，动物活动产生的粉尘、飞沫等气溶胶随时都会被净化清除，使禽畜舍空气时时刻刻都保持清洁状态。

3. 恶臭气体的电净化

禽畜舍空气中的有害及恶臭气体达到一定浓度后就对人和禽畜产生直接毒害作用。电净化系统可设置在禽畜舍上方空间和粪道空间中，上方空间和粪道都装设电极线的禽畜舍空气质量要远远好于只在上方空间装设电极线的禽畜舍。空间电极系统对这些有害及恶臭气体的消除基于两个过程：①直流电晕电场抑制由粪便和空气形成的气—固、气—液界面边界层中的有害及恶臭气体的蒸发和扩散，与水蒸气相互作用形成的气溶胶封闭在只有几微米厚度的边界层中，抑制效率可达到 40%～70%；②在禽畜舍上方，空间电极系统放电产生的臭氧和高能荷电粒子可对有害气体进行分解，分解的效率为 30%～40%。在粪道中的电极系统对以上气体的消除率能达到 80%以上。从表面上看，装有该系统的禽畜场舍内的空气质量要远远好于未装该系统的禽畜舍。即使是冬季，进入装有该系统的禽畜舍，也很少有常规禽畜舍的那种刺鼻蜇眼的感觉。有害及恶臭气体的减少可大大地降低禽畜呼吸道疾病发生率，为预防其他疾病奠定了基础。

8.4.3　水帘降温系统的原理、特点、使用和维护

利用水帘墙降温系统，水蒸发吸热原理，负压通风原理，来排出禽畜舍内的废气、污气、粉尘颗粒及解除高温闷热。安装后可以非常有效地改善禽畜舍内高温闷热环境，可使禽畜舍内的温度在 32～45℃的高温环境的下迅速下降，并将温度保持在 26～30℃。

1. 工作原理

水帘是一种特种纸制蜂窝结构材料，其工作原理是"水蒸发吸收热量"这一自然的物理现象，即水在重力的作用下，从上往下流，在水帘波纹状的纤维表面形成水膜，当流动的空气经过水帘时，水膜中的水会吸收空气中的热量后蒸发，带走大量的潜热，使经过水帘的空气温度

降低，从而达到降温的目的。

所谓负压降温原理就是人为地再现"水蒸发吸收热"这一自然物理过程。与风机结合使用，效果尤为明显。在舍内安装风机，另一边安装水帘，风机将舍内的高温空气抽走，使舍内形成负压，舍内外的气压差使外面的空气通过水帘进入舍内，空气流经过水帘时被降温，与舍内空气发生热量交换，从而降低舍内的温度。

所谓正压降温原理就是利用高速风机将空气抽进环保空调机机箱内，利用"水蒸发吸热"的物理原理使进入环保空调机箱内的空气降温，同时风机又将降温后的空气送入室内。从而使室内达到换气、降温，以及增加空气含氧等目的。

2. 水帘降温五大特点

（1）高效节能。负压通风降温系统是利用风机与水帘的配合，人为地再现自然界水分蒸发降温这一物理过程，耗电量只是传统空调的十分之一。

（2）通风透气。在整个系统的相互配合下，抽风风机迅速排走禽畜舍内的热气、废气、异味。

（3）提高效率。在水分蒸发降温的同时产生负离子氧，增加空气中的氧含量，在短时间内缓解禽畜舍内闷热和含氧量不足等问题，降温效率高。

（4）健康环保。系统采用水作制冷剂，制造和使用过程中对环境无污染，水帘除了可以降低舍内温度，还可以净化外来空气携带的粉尘和微粒。

（5）适用性强。水帘式降温系统适用性广，可根据禽畜舍不同的结构及环境条件设计相应的系统，随禽畜舍内的具体情况调节不同的风速、风量，非常灵活。

3. 水帘的安装

安装水帘时首先要考虑密闭性、平整性；各部件要严密贴合，杜绝跑冒滴漏；水池要有过滤网；潜水泵不要放在底部，应悬挂在水池侧壁。

4. 水帘降温的幅度

空气通过有流动水的水帘，带走部分热量直接达到降温。水帘系统启动时可降低 5~10℃ 的舍温，前提是过帘风速达到标准：10 cm 厚水帘 1~1.5 m/s；15 cm 厚水帘 1.5~2 m/s。

5. 水帘的使用

水帘可全自动使用，使用原理是负压控制，设定参数可使用幕帘达到自动控制水帘降温的目的，保证禽畜舍环境的稳定。

6. 水帘的保养

（1）清洁水帘：根据当地水质情况，硬水应经常清洗，清理霉菌（水池中加防腐剂）；
（2）晚上不用时，将储水池中水全部换掉，并清理储水池杂质，定期向水池中加无泡沫性无腐蚀性的消毒剂，防止水帘损坏；
（3）每批禽畜饲养结束后对水帘片自上而下反复清洗，彻底消毒，风干后待用。

7. 水帘使用注意事项

（1）保证循环用水，注意水温最高不能高于15℃；
（2）开启水帘循环水后，要把两侧通风口全部关严，以便达到最佳效果；
（3）水帘的开启最好连接在温度控制仪上，用温度和时间同时控制，尽量不要人工开关，以防温度不均匀。

8.4.4 养猪场自动监控及信息化管理系统技术原理与性能指标

1. 养猪场自动监控及信息化管理系统技术原理

运用自动化及信息化技术，日渐成熟的养猪场自动监控系统和信息化管理系统包括：视频监控系统、自动水帘降温系统、恒温热风系统及信息化管理系统，实现养猪场自动视频监控、种猪厂房自动温湿度调节、育种厂房自动恒温保温调节及信息化管理功能。

（1）采取双绞线传输视频信号，完全实现稳定的图像传输。在布线的过程中，采取相对集中汇集为一处统一发射信号的方法，节省了大量材料，并能做到统一管理每一路信号的传输。

（2）用井水做循环介质，采用"风机+水帘"以负压通风方式实现自动水帘降温控制，利用水帘墙降温系统，水蒸发原理、负压通风原理来排出房间的废气、污气、粉尘颗粒及解除高温闷热。

（3）采用风道加热方式分散加热、局部增温；PID 连续调节、PLC 集中控制。

2. 养猪场自动监控及信息化管理系统主要技术指标

（1）计算机自动采集自动控制设备数据，并存入计算机供决策参考。
（2）计算机提醒，及时淘汰产量低的母猪，时间提前一周。
（3）数据查询速度平均提高 10 倍。
（4）报表统计速度平均提高 20 倍。
（5）环境温度自动控制精度±2℃；环境相对湿度自动控制精度±5%。
（6）24 小时实时监控。

8.5 自动化养鸡、养猪场的典型电路图

8.5.1 养鸡场典型温度控制器电路图

在冬天饲养雏鸡时，饲养室内的温度应控制在 20～30℃（不同生长阶段的雏鸡所需要的环境温度也不同）之间。刚孵出的雏鸡需要 30℃的恒温，随着雏鸡的不断发育成长，饲养室的环境温度也应逐渐下降。当雏鸡发育为成鸡时，饲养室内的环境温度保持在20℃即可。

养鸡场的温度控制器，采用 LED 发光二极管来模拟显示环境温度，且能在饲养室内温度低于设定温度值时自动接通电加热设备（电暖气或红外线灯泡等）的工作电源，当温度高于设定温度值时自动断开加热设备的工作电源，使饲养室内温度自动保持为设定温度。

1. 养鸡场温度控制器电路原理图的组成

养鸡场温度控制器电路由温度检测电路、温度控制电路和温度模拟显示电路组成，如图 8-1 所示。

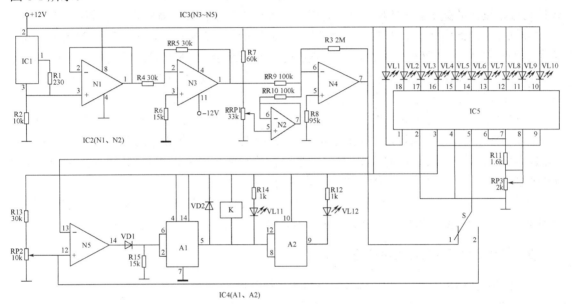

图 8-1　养鸡场温度控制器电路原理图

1）温度检测电路

温度检测电路由集成温度传感器 IC1，运算放大器集成电路 IC2（N1、N2）、IC3（N3～N5）内部的 N3、N4，电阻器 R1～R10 和电位器 RP1 组成。

2）温度控制电路

温度控制电路由 IC3 内部的 N5，二极管 VD1、VD2，双时基集成电路 IC4，电阻器 R12～R15，发光二极管 VL11、VL12，电位器 RP2 和继电器 K 组成。

3）温度模拟显示电路

温度模拟显示电路由 LED 显示驱动集成电路 IC5、控制开关 S、电阻器 R11、电位器 RP3 和发光二极管 VL1～VL10 组成。

2. 养鸡场温度控制器的工作过程

集成温度传感器 IC1 用来检测环境温度，其 3 脚的输出电压随着环境温度的上升而增高。

在饲养室内温度为 20℃时，IC1 的 3 脚电压为 2.93 V，运算放大器 N4 的输出端（IC3 的 7 脚）电压为 0 V（当温度低于 20℃时，N4 的输出端为负值），IC5 各输出端均输出高电平，VL1～VL10 均不亮。

当饲养室内温度为 21℃时，N4 的输出电压为 0.2 V，IC5 的 1 脚变为低电平，VL1 发光，指示温度为 21℃；当饲养室内温度上升至 22℃时，N4 的输出电压为 0.4 V，IC5 的 1 脚和 18 脚均输出低电平，VL1 和 VL2 均发光，指示温度为 22℃。当饲养室内温度上升至 30℃时，N4 的输出电压为 2 V，IC5 各输出端均输出低电平，VL1～VL10 全部点亮，指示温度为 30℃。

S 是温度指示／温度控制开关。将 S 置于"1"位置时，温度控制器显示环境温度；将 S 置于"2"位置时，可通过调节 RP2 的阻值来设定控制温度。

例如若需要控制的温度为 25℃，则应先将 S 置于"2"位置，调节 RP2，使 N5 的正相输入端（IC3 的 12 脚）电压为 1 V，VL1～VL5 均点亮；然后再将 S 置于"1"位置，温度控制器即可根据设定的温度值对环境温度进行控制（使用时应根据实际需要来设定控制温度）。

当饲养室内温度低于 25℃时，N4 输出电压低于 1 V，N5 输出高电平，使 VD1 导通，IC4 内部的触发器 A1 因 2 脚和 6 脚加入高电平触发脉冲而翻转，其 5 脚输出低电平，K 吸合，其常开触点将电加热设备的工作电源接通，使环境温度上升。同时 VL11 点亮，指示电加热设备在工作。此时 IC4 的 8 脚和 12 脚为低电平，9 脚输出高电平，VL2 不发光。

当饲养室内环境温度超过 25℃时，N4 的输出电压高于 1 V，使 N5 输出低电平，VD1 截止，IC4 内触发器 A1 又翻转，5 脚输出高电平，K 释放，将电加热设备的工作电源切断而停止加温，VL11 也熄灭。与此同时，IC4 内触发器 A2 因 8 脚和 12 脚产生高电平触发脉冲而翻转，9 脚输出低电平，VL12 点亮，指示电加热设备处于断电状态。

电加热设备断电后，环境温度又开始下降，当温度低于 25℃时，K 又吸合，使电加热设备通电工作开始加温，如此周而复始，使饲养室内温度保持在 25℃左右。

3. 养鸡场温度控制器元器件的选择

① R1～R15 均选用 1／4 W 碳膜电阻器或金属膜电阻器。

② RP1 和 RP3 均选用有机实心可变电阻器；RP2 选用线性电位器。

③ VD1 和 VD2 均选用 1N4007 型硅整流二极管或 1N4148 型硅开关二极管。

④ VL1～VL12 均选用 ϕ5 mm 的发光二极管，VL11 选绿色，VL1～VL10 和 VL12 均选红色。

⑤ IC1 选用 SL234 M 型集成温度传感器；IC2 选用 LM358 型双运放集成电路；IC3 选用 LM324 型四运放集成电路；IC4 选用 NE556 型双时基集成电路；IC5 选用 LM3914 或 SF3914 型 LED 显示驱动集成电路。

⑥ K 选用 12 V 直流继电器，其控制触点的电流容量应根据电加热设备的功率而定。

⑦ S 选用单极双位拨动式开关。

4. 养鸡场温度控制器电路的调试

电路安装完毕后，接通 12 V 直流电源进行调试。先调节 RP1 的阻值，使 IC2 的 7 脚在环境温度为 25℃时为 2.93 V。

在 IC5 的 5 脚加入 2V 电压（S 应置于"1"位置），调节 RP3 的阻值，使 VL1～VL10 刚好全部点亮。

为测试温度控制器是否能正常工作，可调整 RP2 的阻值，设定 20～30℃之间的某一温度为控制温度（例如 26℃）后，将 S 置于"1"位置，再用电吹风对着 IC1 加热，若 VL1～VL6 逐个点亮，且在 VL6 点亮后，K 迅速释放，VL12 发光，则说明该温度控制器已能正常工作。

8.5.2 育雏典型温控器电路图

在北方,春冬季节人工育雏过程中的保温工作十分重要。育雏温控器,能自动监测控制育雏室内的温度,提高育雏的成活率。

1. 育雏温控器电路原理图

育雏温控器电路由电源电路和温度检测控制电路组成,如图 8-2 所示。

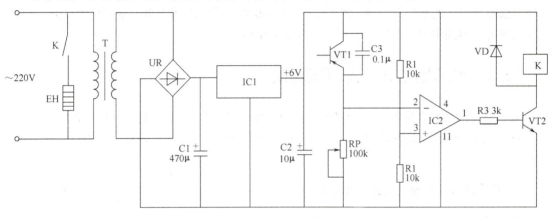

图 8-2 育雏温控器电路原理图

电源电路由电源变压器 T、整流桥堆 UR、滤波电容器 C1、C2 和三端稳压集成电路 IC1 组成。

温度检测控制电路由晶体管 VT1、VT2、电阻器 R1～R3、电位器 RP、电容器 C3、二极管 VD、运算放大器集成电路 IC2、继电器 K 和加热器 EH 组成。

交流 220 V 电压经 T 降压、UR 整流、C1 滤波、IC1 稳压后,为温度检测控制电路提供+6V 工作电源。

VT1 作为温度传感器,用来检测育雏室内的温度。VT1 的导通内阻随着温度的变化而改变,当温度上升时,VT1 的导通内阻下降,当温度下降时,VT1 的导通内阻增大,当育雏室内温度低于 BP 设定的温度值时,VT1 的导通内阻较大,使 IC2 的 2 脚电压(反相输入端)低于 3 脚(正相输入端)电压,IC2 的 1 脚输出高电平,VT2 饱和导通,K 通电吸合,加热器 EH 通电开始加温。

随着温度的上升,VT1 的内阻逐渐下降,IC2 的 2 脚电压也逐渐升高。当育雏室内的温度超过 RP 的设定温度时,IC2 的 1 脚输出低电平,VT2 截止,K 释放,EH 断电而停止加温。随后育雏室内温度开始缓慢下降。当温度降至 RP 的设定温度以下时,IC2 的 1 脚又输出高电平,VT2 又饱和导通,K 通电吸合,EH 又通电工作。

以上工作过程周而复始,使育雏室内温度恒定为 RP 的设定温度(控制温度误差为±1℃)。

2. 育雏温控器电路元器件选择

R1～R3 选用 1/4 W 金属膜电阻器或碳膜电阻器。

C1 和 C2 均选用耐压值为 16 V 的铝电解电容器；C3 选用独石电容器或涤纶电容器。

VD 选用 1N4001 或 1N4007 型硅整流二极管。

UR 选用 1 A、50 V 的整流桥堆。

VT1 选用 3AX31 型锗 PNP 晶体管；VT2 选用 58050 型硅 NPN 晶体管。

IC1 选用 LM7806 型三端稳压集成电路；IC2 选用 LM324 型运放集成电路。

T 选用 3～5 W、二次电压为 9 V 的电源变压器。

K 选用 JRX-13F 型 6 V 直流继电器。

EH 应根据育雏室内的大小来合理选用，育雏室面积较大，可使用 800～3 000 W 的电暖器；若使用纸箱等制作的小型育雏器，则可使用 25～40 W 的白炽灯泡（用小金属盒将灯泡罩起来，并固定在育雏器的中央，金属盒的四周应打若干个透光孔）。

8.5.3 养鸡场自动补光灯电路图

为了提高蛋鸡的产蛋率，养鸡场除了必须的饲料、严格的防疫管路外，还要保证鸡舍充足的光照。本例介绍的养鸡场自动补光灯，能在白天鸡舍内光照不足时自动将照明灯打开以补充光照。

1. 养鸡场自动补光灯电路工作原理

养鸡场自动补光灯电路由电源电路、光控电路、驱动控制电路和灯光照明电路组成，如图 8-3 所示。

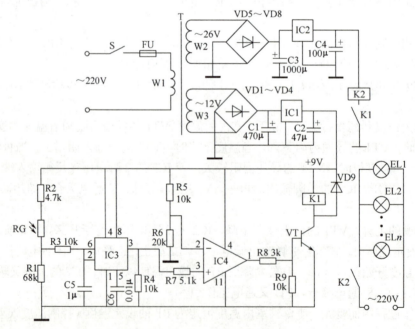

图 8-3 养鸡场自动补光灯电路

电源电路由电源开关 S、熔断器 FU、电源变压器 T、整流二极管 VD1～VD8、滤波电容器 C1～C4 和三端稳压集成电路 IC1、IC2 组成。光控电路由光敏电阻器 RG、电阻器 R1～R3、电容器 C5、C6 和时基集成电路 IC3 组成。

驱动控制电路由电阻器 R4～R9、运算放大器集成电路 IC4、二极管 VD9、晶体管 VT 和继电器 K1 组成。

灯光照明电路由继电器 K2、K1 的常开触点和照明灯 EL1～ELn 组成。

接通电源后，交流 220 V 电压经 T 降压后，在 T 二次侧的 W2 绕组和 W3 绕组上分别产生交流 26 V 电压和交流 12 V 电压。交流 26 V 电压经 VD5～VD8 整流、C3 滤波及 IC2 稳压后，产生稳定的 +24 V 电压，供给继电器 K2；交流 12 V 电压经 VD1～VD4 整流、C1 滤波、IC1 稳压后，为光控电路和驱动控制电路提供 +9 V 工作电源。

白天，由于自然光照较强，RG 呈低阻状态，IC3 的 2 脚、6 脚为高电位，3 脚输出低电平，IC4 的 1 脚也输出低电平，VT 截止，K1 和 K2 均不吸合，照明灯 EL1～ELn 均不亮。在阴雨天（白天）光照不足时，RG 的阻值变大，使 IC3 的 2 脚、6 脚变为低电位，3 脚输出高电平，IC4 因正相输入端（3 脚）电压高于反相输出端（4 脚）电压而输出高电平，使 VT 导通；K1 吸合，K1 的常开触点接通，使 K2 通电吸合，照明灯 EL1～ELn 通电点亮，为鸡舍补充光照。

当自然光又增强、使鸡舍内光照度达到一定标准时，IC3 和 IC4 又输出低电平，使 K1 和 K2 释放，EL1～ELn 熄灭。

调节 R1 和 R2 的阻值，可以改变光控的灵敏度。

2. 养鸡场自动补光灯电路元器件选择

R1～R9 用 1/4 W 金属膜电阻器或碳膜电阻器。

选用 MG45-32 型光敏电阻器。

C1～C4 均选用 CD11 型铝电解电容器，C1 的耐压值为 25 V，C2 的耐压值为 16 V，C3 的耐压值为 50 V，C4 的耐压值为 35 V；C5 和 C6 选用独石电容器或涤纶电容器。

VD1～VD9 均选用 1N4007 型硅整流二极管。

VT 选用 S8050 或 C8050、3DG8050 型硅 NPN 晶体管。

IC1 选用 LM7809 或 CW7809 型三端稳压集成电路；IC2 选用 LM7824 或 CW7824 型三端稳压集成电路；IC3 选用 NE555 型时基集成电路；IC4 选用 LM324 型运算放大器。

K1 选用 JZC-22F 型 9 V 直流继电器；K2 选用 JQX-10 型工业用继电器（有 3 组控制触点，每组控制触点的电流容量为 10A）。也可用 CDC-10 型 220 V 交流接触器代替 K2，这样可以不使用 T 的 W2 绕组和 C3、IC2、C4。使用时，将交流接触器的线圈与 K1 的常开触点串联后，再并接至交流 220 V 电源回路。

T 选用 5～8 W 的电源变压器（若使用交流接触器，则可选用二次电压为 12 V 的电源变压器）。

S 选用触点电流容量为 5A 的交流 220 V 电源开关。

EL1～ELn 选用 40～60 W 的白炽灯泡，可根据实际需要来增减灯泡的数量。

8.5.4 鸡舍自动控制器电路图

鸡舍自动控制器能对鸡舍的光照、温度和湿度进行自动调节，以提高鸡的产蛋率和成活率。鸡舍自动控制装置可供农村的养鸡专业户使用。

1. 鸡舍自动控制器电路组成

鸡舍自动控制器电路由电源电路、湿度检测控制电路、光照检测控制电路和温度检测控制电路组成，如图 8-4 所示。

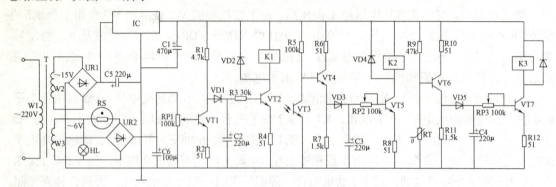

图 8-4　鸡舍自动控制器电路图

电源电路由电源变压器 T、整流桥堆 UR1、指示灯 HL、三端集成稳压器 IC 和滤波电容器 C1 组成。

湿度检测控制电路由湿敏电阻器 RS，整流桥堆 UR2，电位器 RP1，晶体管 VT1、VT2，二极管 VD1、VD2，电阻器 R1~R4，电容器 C2 和继电器 K1 组成。

光照检测控制电路由光敏晶体管 VT3，晶体管 VT4、VT5，电阻器 R5~R8，电位器 RP2，二极管 VD3、VD4 和继电器 K2 组成。

温度检测控制电路由热敏电阻器 RT，电阻器 R9~R12，晶体管 VT6、VT7，电容器 C4，电位器 RP3，二极管 VD5、VD6 和继电器 K3 组成。

交流 220 V 电压经 T 降压后，分别在 W2 绕组和 W3 绕组上产生交流 15 V 电压和交流 6 V 电压。交流 15 V 电压经 UR1 整流、IC 稳压及 C1 滤波后，为整机提供 12 V 直流电压；交流 6 V 电压经 RS 限流降压及 UR2 整流后，加在 RP1 两个固定端上。

当鸡舍内湿度不够时，湿敏电阻器 RS 的阻值较大，使 VT1 因基极电压降低而截止，VT2 导通，K1 吸合，其常开触点接通加湿器的工作电源，加湿器开始加湿喷雾。当鸡舍内湿度达到要求（相对湿度在 55%~65%）时，RS 的阻值变小，使 VT1 导通；VT2 截止，K1 释放，加湿器停止工作。

在鸡舍内光照充足时，光敏晶体管 VT3 的内阻变小，使 VT4 和 VT5 截止，K2 处于释放状态，补光灯不亮。当鸡舍内光照不足时，VT3 的内阻变大，使 VT4 和 VT5 导通，K2 吸合，其常开触点接通，补光灯点亮。

在鸡舍内温度适宜（15~25℃）时，热敏电阻器 RT 的阻值较小，VT6 和 VT7 均截止，K3 不吸合，加热装置不工作。若鸡舍内温度偏低，则 RT 的阻值变大，使 VT6 和 VT7 导通，K3 吸合，其常开触点接通加热装置的工作电源，使之开始加温。当鸡舍内温度达到要求温度时，V6 和 V7 截止，K3 释放，加热装置停止工作。

2. 鸡舍自动控制器电路元器件选择

R1~R12 选用 1/4 W 碳膜电阻器或金属膜电阻器。

RT 选用 MF11 型负温度系数热敏电阻器。

RS 选用 MS01－A 型湿敏电阻器。

RP1～RP3 均选用有机实心电位器。

C1～C4 均选用耐压值为 25 V 的铝电解电容器。

VD1、VD3 和 VD5 均选用 1N4148 型硅开关二极管；VD2、VD4 和 VD6 均选用硅整流二极管。

UR1 和 UR2 均选用 1A、50 V 的整流桥堆。

VT1、VT4 和 VT6 均选用 3DG6 或 59013、3DG9013 型硅 NPN 晶体管；VT3 选用 3DU5 型光敏晶体管；VT2、VT5 和 VT7 均选用 3DG12 或 C8050 型硅 NPN 晶体管。

IC 选用 LM7812 或 CW7812 型三端稳压集成电路。

K1～K3 均选用 JRX-4 型 12 V 直流继电器。

T 选用 5～8 W、二次电压为 15 V 和 6 V 的电源变压器。

HL 选用 6.3 V 指示灯。

8.5.5 禽蛋自动孵化器电路图

1. 禽蛋自动孵化器电路组成

该禽蛋自动孵化器电路由电源电路、温度/通风控制电路、自动翻蛋电路和温度指示电路组成，如图 8-5 所示。

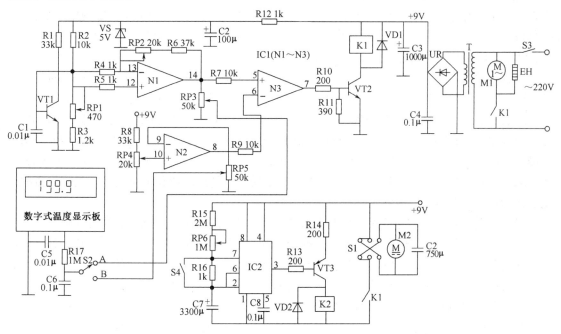

图 8-5 禽蛋自动孵化器电路图

电源电路由电源开关 S3、电源变压器 T、整流桥堆 UR 和电容器 C2～C4、限流电阻器 R12 和稳压二极管 VS 组成。

温度/通风控制电路由晶体管 VT1、VT2，电阻器 R1~R11，电位器 RP1~RP5，运算放大器集成电路 IC1（N1~N3），继电器 K1，二极管 VD1，风扇电动机 M1 和加热器 EH 组成。其中 VT1、C1、R1~R6、RP1、RP2 和 IC1 内部的 N1 组成温度检测控制电路；R7、R10、R11、RP3、IC1 内部的 N3、V2 和 VD1 组成 K1 的驱动控制电路；电阻器 R8、R9、RP4、RP5 和 IC1 内部的 N2 组成缓冲放大电路。

自动翻蛋电路由电阻器 R13~R16、电位器 RP6、电容器 C7~C9、时基集成电路 IC2、晶体管 VT3、二极管 VD2、继电器 K2、限位开关 S1、触发开关 K1 和直流电动机 M2 组成。其中 IC2 和外围阻容元件组成无稳态电路；VT3 和 R13、R14、VD2、K2 和 S1 组成 M2 的控制电路。

接通电源开关 S3，交流 220 V 电压经 T 降压、UR 整流、C3 和 C4 滤波后，产生+9 V 工作电压，供给 K1 的驱动控制电路、缓冲放大电路和自动翻蛋电路。+9 V 电压还经 R12 限流降压、C2 滤波及 VS 稳压后，为温度检测控制电路提供+5 V 工作电压。

VT1 作为温度传感器，用来检测孵化箱内的温度，其发射结（b、e 极之间）电压随着温度的升高而下降（温度系数为-2 mV/℃）。RP4 用来设定控制温度。

在孵化箱内的环境温度低于 RP1 的设定控制温度时，放大器 N1 和 N3 输出高电平，使 VT2 饱和导通，K1 通电吸合，其常开触点接通，风扇电动机 M1 和加热器 EH 通电工作。在孵化箱内的环境温度超过设定的控制温度时，放大器 N1 和 N3 均输出低电平，使 VT2 截止，K1 释放，其常开触点断开，风扇电动机 M1 和加热器 EH 停止工作。此过程周而复始，使孵化箱内温度恒定为设定的温度。

在电源接通瞬间，由于 C7 两端电压不能突变，IC2 的 2 脚和 6 脚为低电平，3 脚输出高电平，VT3 截止，M 处于释放状态，M2 不工作。随后 C7 通过 R16、RP6 和 R15 充电，使 IC2 的 2 脚和 6 脚的电位逐渐上升。当 C7 两端电压充至 6V 以上（约 2 h）时，IC2 内电路翻转，3 脚变为低电平，使 VT3 导通，M 通电吸合，其常开触点接通，使 M2 通电转动，通过减速和牵引装置使放孵化蛋的孵化盘往一个方向倾斜，完成翻蛋动作。

当孵化盘倾斜至一定角度（约 70°）时，安装在减速牵引轮上的触发机构使 S1 的常开触点接通，常闭触点断开，使加在 M2 上的电源极性改变，同时一瞬间接通一下，使 IC2 的 7 脚内部的放电输出电路工作，C7 快速放电，当 C7 两端电压低于 3 V 时，IC2 的 3 脚变为高电平，使 VT3 截止，K2 释放，其常开触点断开，使 M2 停止转动。随后 C7 又通过 R16、RP6 和 R15 缓慢充电，当 C7 两端电压充至 6 V 以上时，IC2 内电路又翻转，3 脚输出低电平，使 VT3 导通，K2 通电吸合，其常开触点接通，使 M2 通电转动，通过减速和牵引装置使放孵化蛋的孵化盘往相反方向倾斜，完成翻蛋动作。

当孵化盘倾斜至一定角度时，安装在减速牵引轮上的触发机构又使 S1 的常开触点断开，常闭触点接通，使加在 M2 上的电源极性改变，同时 S4 又被触发接通一下，使 IC2 第 7 脚内部的放电输出电路工作，C7 快速放电，当 C7 两端电压低于 3 V 时，IC2 的 3 脚变为高电平，使 VT3 截止，K2 释放，其常开触点断开，使 M2 又停止转动。

以上工作过程周而复始地进行，即可实现每 2 h 自动翻蛋一次。

调节 RP1 和 RP2 的阻值，可改变 VT1 发射结上电压随温度变化的斜率。

调节 RP3 和 RP5 的阻值，可调节显示温度的准确度。

调节 RP6 的阻值，可改变自动翻蛋的时间。

数字式温度显示板用来显示孵化箱内的温度和设定温度。将温度显示转换开关 S2 置于 A

位置时,用来显示孵化箱内的温度;将温度显示转换开关 S2 置于 B 位置时,用来显示设定的控制温度。

2. 禽蛋自动孵化器电路元器件选择

R1~R17 均选用 1/4 W 碳膜电阻器或金属膜电阻器。

RP1~RP5 选用优质合成膜电位器或多圈电位器;RP6 选用有机实心电位器。

C1、C4~C6 和 C8 均选用独石电容器;C2、C3 和 C7 均选用耐压值为 16 V 的电解电容器;C9 使用两只 470μF、耐压值为 10 V 的铝电解电容器串联(两电容器的正极相串联)。

VD1 和 VD2 均选用 1N4007 型硅整流二极管。

VS 选用 1/2 W、5 V 的稳压二极管。

VT1 选用 3DG6 型硅 NPN 晶体管;VT2 选用 S9013、C8050 或 3DGl2 型 NPN 晶体管;VT3 选用 C8550 或 3CG8550 型 PNP 晶体管。

UR 选用 1~2A、50 V 的整流桥堆。

IC1 选用 LM324 型运算放大集成电路;IC2 选用 NE555 型时基集成电路。

K1 和 K2 选用 KKR-l3F 型 9 V 直流继电器。

M1 选用 20 W 的小型风扇电动机(使用时可安装在孵化箱下部进气孔附近);M2 使用 9 V 直流减速电动机。

EH 可根据孵化箱的容积合理选用。

S1 选用双极双位微动开关;S2 选用单极双位转换开关;S3 选用 10 A、220 V 的电源开关;S4 选用高灵敏度微动开关。

8.5.6 雏鸡孵出告知器电路图

1. 雏鸡孵出告知器电路组成

该雏鸡孵出告知器电路由声控放大电路、单稳态延时电路和报警电路组成,如图 8-6 所示。

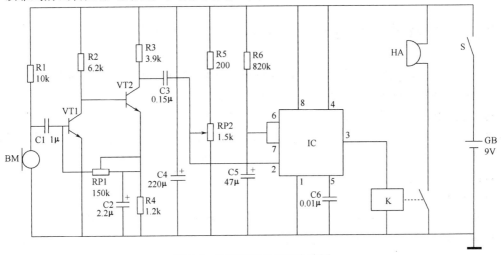

图 8-6 雏鸡孵出告知器电路图

声控放大电路由传声器 BM，电阻器 R1~R4，电容器 C1、C2，电位器 RP1 和晶体管 VT1、VT2 组成。

单稳态延时电路由时基集成电路 IC、电阻器 R5、R6、电位器 RP2 和电容器 C3~C5 组成。

报警电路由继电器 K 和蜂鸣器 HA 组成。

BM 作为音频传感器，用来检测是否有雏鸡孵出。在 BM 未检测到声音信号时，单稳态延时电路处于稳态，IC 的 3 脚输出低电平，K 处于释放状态，蜂鸣器 HA 不发声。

当孵化箱中有雏鸡孵出时，BM 将检测到的雏鸡叫声变换为电信号，此信号经 VT1 和 VT2 放大后产生触发信号，使单稳态触发器电路受触发而翻转，由稳态变为暂稳态，IC 的 3 脚由低电平变为高电平，K 通电吸合，其常开触点接通，蜂鸣器 HA 发出报警声，通知工作人员有雏鸡孵出。

与此同时，C5 通过 IC 的 7 脚内电路快速放电后，又经 R6 充电。当 C5 充电结束后，单稳态延时电路翻转（恢复为稳态），IC 的 3 脚由高电平变为低电平，K 断电释放，蜂鸣器 HA 停止发声，告知器又进入监测状态。

调整 RP1 和 RP2 的阻值，可改变声控的灵敏度。

2. 雏鸡孵出告知器电路元器件选择

R1~R6 选用 1/4 W 金属膜电阻器或碳膜电阻器。

RP1 和 RP2 选用小型实心电位器或 WSW 型实心可变电阻器。

C1、C4 和 C5 均选用耐压值为 16 V 以上的铝电解电容器；C2 和 C6 均选用独石电容器或涤纶电容器。

IC 选用 NE555 或 μA555 型时基集成电路。

BM 选用驻极体传声器。

HA 选用自带报警音源的 9 V 直流电磁式蜂鸣器。

K 选用 4098 型 9 V 直流继电器。

S 选用小型单极拨动式开关。

GB 选用 9 V 叠层电池。

8.5.7 养鸡场综合自动化控制系统和视频监控系统图

养鸡场综合自动化控制系统和视频监控系统主要由上位机管理系统、自动化控制系统、数据采集系统、现场传感器等部分组成，如图 8-7、图 8-8 所示。

可实现动物养殖场的综合监控，包括室内外的温度、湿度、二氧化碳浓度、氧气浓度、光照强度、压力等，并对温度、湿度、有害气体浓度、光照度进行自动或手动控制，为动物提供舒适的环境，提高养殖行业的经济效益。本方案以养鸡场的综合监测、监控为例进行介绍。

我国南北方、东西方气候存在明显差异，造成温度、湿度及光照度等参数差别较大，北方主要以防寒为主，长江以南则以防暑为主。

养鸡的形式依据饲养规模和饲养方式而定，鸡舍的建造应遵循"便于饲养管理，便于采光，便于夏季防暑，冬季防寒，便于防疫"等原则。

通过综合控制系统，实现对温度、湿度、气体浓度、光照度等自动/手动调节与控制，支持手动控制，为动物营造舒适、健康的成长环境，实现更好的经济效益。

（1）鸡舍内温湿度调节，营造舒适的温湿度环境。

通过室内、外的温度对比，在炎热夏季，当室内温度高于室外温度时，启动风机进行空气交换，对室内降温；当室内湿度高于室外湿度且湿度较大时，启动风机通风排湿；在寒冬尤其是北方，需要对鸡舍进行保温处理，适当进行送暖（如太阳能、电热炉、锅炉供暖）等。

① 温度因素。

温度是养鸡场成败的关键因素。如果温度过低，鸡容易受凉而引起拉稀或产生呼吸道疾病等；小鸡为了取暖容易造成扎堆，影响采食和活动，造成伤残，严重时会造成大量死亡。因此，养鸡场一定要注意温度的控制。

根据小鸡特点，严格掌握温度指标。小鸡生长适宜温度随日龄的增长而下降，1日龄～2日龄孵化器温度35～34℃，养鸡场温度25～24℃；3日龄～7日龄孵化器温度34～31℃，养鸡场温度24～22℃；第2周孵化器温度31～29℃，养鸡场温度22～21℃；第3周孵化器温度29～27℃，养鸡场温度21～19℃；第4周孵化器温度27～25℃，养鸡场温度19～18℃。养鸡场温度要比孵化器的低，使舍内有一定温差，孵化就可随意选择所需的适宜温度，有利于小鸡的生长；小鸡生长温度必须保持平稳，不能忽高忽低，否则饲料再好也不能养好小鸡。

② 湿度因素。

a．空气湿度的表示方法和鸡舍水汽的来源。空气湿度简称"气湿"，表示空气中水汽含量的多少，说明空气的潮湿程度。通常用相对湿度来表示，指空气中当时的实际水汽量与同温度下饱和水汽量之百分比（%）。舍内水汽的主要来源是呼出的水汽，可占舍内水汽总量的75%，特别是舍温较高时，鸡通过呼吸排出的水汽量很多。其次是空气中的水汽，这部分水汽量因所在地区及天气状况而不同，一般占舍内水汽的10%～15%。此外，尚有地面、墙壁、水槽及垫料的水分蒸发量，占舍内水汽的10%～15%。水汽在舍内的上部和下部较多，如鸡舍保温隔热性不佳，水汽遇冷，易在寒冷物体表面凝结为水滴落到地面。

b．空气湿度对鸡的影响。空气湿度对鸡的影响是与温度相结合共同起作用的。在适温时，气湿对鸡体的热调节机能没有什么大的影响，因而对生产性能的影响不大。高温时，鸡主要靠蒸发散热，空气的高湿度使鸡的蒸发散热受阻，体热易蓄积在体内，甚至使体温升高，生产性能下降。

而高温低湿则有利于鸡的蒸发散热。因此，鸡在低湿度的环境下能耐受更高的气温。低温时，鸡体主要通过辐射、传导和对流散热，潮湿空气的热容量和导热性均较高，因而使鸡体散热量增加。同时，潮湿的空气导致鸡羽毛湿度加大，保温性下降，失热量加大，使鸡感到更为寒冷，使饲料消耗增加，生产力下降，甚至冻伤。鸡一般能耐受低温低湿环境，只是饲料消耗量增加。

c．鸡的适宜湿度。在适宜温度时，相对湿度60%～65%最好，一般认为，40%～72%是鸡的适宜湿度。产蛋鸡的上限温度随湿度的升高而下降，气温28℃，相对湿度75%，温度31℃，相对湿度50%和温度33℃，相对湿度30%条件下的生产性能相同。即相对湿度从75%下降到30%，相对于温度下降5℃。

冬季相对湿度85%以上对产蛋有不良影响。在温度29℃、相对湿度40%和80%，轻型鸡日增重分别为14.9 g和13.8 g，重型鸡日增重分别为30.6 g和29.7 g，饲料转化率也提高约2.5%。高温高湿能促进微生物孳生繁殖，导致疾病的发生和饲料霉变。但空气也不宜过分干燥，特别是高温时，干燥会影响黏膜和皮肤的防卫能力。

相对湿度35%以下，易引起呼吸道疾病，使鸡的羽毛生长不良，舍内灰尘增多，也是啄癖发生的原因之一。所以，防止舍内潮湿和过分干燥也是管理的一项重要任务。

所以湿度也是养鸡环境中的一个重要的参数。

③ 氨气浓度因素。

由于鸡粪中产生大量氨气，所以当鸡舍空气中氨气达 20 ppm（相当于 15.2 mg/m^3），持续 6 周以上，就会引起鸡肺充血、水肿、鸡群食欲下降，产蛋力降低，易感染疾病；如达 50 ppm，数日后鸡发生喉头水肿、坏死性支气管炎、肺出血，呼吸频率降低，并出现死亡。所以，鸡舍空气中氨浓度要求控制在 20 ppm 以下。从中我们可以看到室内空气中低浓度氨污染对人体健康的危害。

以上所涉及环境具体参数仅供参考，参数根据鸡种类不同和鸡的数量不同而不同，根据现场实际情况而设定环境监测参数。

④ 光照度对蛋鸡的因素。

随着养殖场半自动化鸡舍的改造完成，原开放式鸡舍的光照程序，光照强度等已不能适用于半自动化鸡舍，特别是在育成后期光照刺激阶段，如果光照管理不善，蛋鸡会开产不准时，蛋重不符合要求，双黄蛋比例升高，产蛋高峰不高，脱肛造成死淘率增加等影响。因此需要更加精细的光照管理程序来适应全封闭鸡舍的管理。

在调整光照强度后，试验期间发现在育成期死淘主要为上层鸡。可以考虑减少光照时间或减小光照强度来控制育成期的死淘数，育成期增加光照应根据鸡群实际情况而定。产蛋率与鸡群所接受的光照时间变化有密切的关系。一个正确的光照程序对产蛋率、蛋的大小、成活率和总盈利都有很大的帮助。

（2）系统功能介绍。

养鸡综合监控系统针对于禽畜养殖业研发出合理的温湿度控制系统方案，主要对养殖室内的环境（温度湿度、压力、氨气浓度、二氧化碳浓度、光照强度等）进行合理的控制体系。确保鸡舍内环境的最佳标准要求，从而减少鸡舍内病害的生长，大大降低禽畜疾病带来的危害和死亡，从而提高了禽畜的健康生长和生产，提高禽畜质量和产量。系统由上位机软件、温湿度一体传感器、智能控制器等组成，通过 RS-485 总线形式将鸡舍内环境温湿度数据上传到上位机，由上位机设定控制环境，从而去命令智能控制器实现对鸡舍内设备的控制。

（3）综合的软件监测平台，为管理人员提供实时监测数据，为及时作出相关养殖调整和制定新的规划方案提供数据支持。

智能监测软件实现以下功能。

a. 提供每个监测点的实时测量值，包括温湿度、氨气、硫化氢、二氧化碳浓度、光照度、大气压力等参数。

b. 提供实时报警功能，超过上下限时，通过音频设备（如音箱）报警，软件界面相应数值闪烁跳动。

c. 提供历史数据查询，支持过去任一时段的数据查询。

d. 提供历史曲线查询，通过曲线变化，总结变化规律，总结经验。

e. 数据自动储存记录，记录数据可导出 Excel 格式，可长期保存。

f. 监测软件采用工业组态开发，具有性能稳定、功能丰富、组态灵活，扩展方便等诸多优点。如可以根据鸡分布提供软件界面，在界面上区分鸡位置、布局、每个监测点位置等按照实际布局安排，确保监测界面的生动形象。

g．监测软件全中文操作，软件安装、设置简单，无须专业计算机知识，易推广。

（4）大型养殖业监控中心的平台搭建，实现远程自动化养殖。

远程监控中心实时监测养殖场的数据，进行养殖专业分析和了解。远程养殖监控平台通过总部与养鸡企业间网络的搭建，通过局域网或广域网、农业物联网将养殖场数据上传至总部监控中心。

养鸡场综合自动化控制系统如图 8-7 所示。

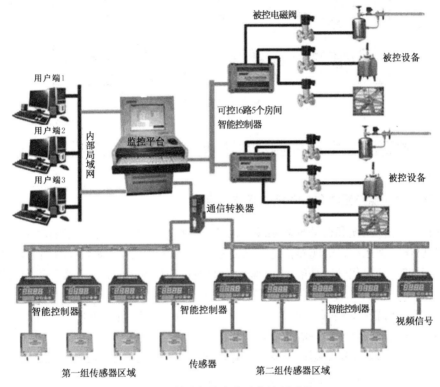

图 8-7　养鸡场综合自动化控制系统

注：第一组传感器区域采集氨气（NH_3）浓度、硫化氢（HS_2）浓度、二氧化碳（CO_2）浓度；第二组传感器区域采集环境的温度、湿度和光照强度。

养鸡场综合无线传输自动控制系统如图 8-8 所示。

（5）养鸡场监控方案。

① 在各栏舍安装一台天视达红外夜视型网络智能高速球，通过网线或上位机接入值班室送到服务器。

② 在养鸡场围墙上沿围墙安装天视达网络红外一体机。接入养鸡场局域网，或安装红外一体机通过视频服务器接入养鸡场局域网。

③ 管理人员、饲养员的计算机上安装网络视频管理软件，以观看视频。

④ 场外管理人员、用户通过互联网观看各监控点。

⑤ 办公室配备一台存储服务器以存储备份各监控录像。

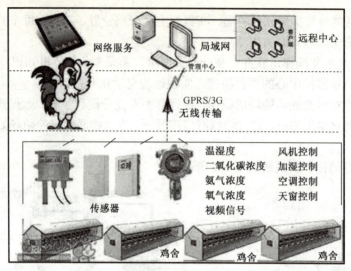

图 8-8　养鸡场综合无线传输自动控制系统

8.5.8　养猪厂典型环境自动监控系统和自动控制系统电路图

1. 养猪场自动监控系统和自动控制系统的组成

养猪场自动监控系统和自动控制系统。包括：视频监控系统、自动水帘降温系统、恒温热风系统及信息化管理系统，实现养猪场自动视频监控、种猪厂房自动温湿度调节、育种厂房自动恒温保温调节及信息化管理功能。(1) 采取双绞线传输视频信号，完全实现稳定的图像传输。在布线的过程中，我们采取相对集中汇集为一处统一发射信号的方法，技术上省了大量线材，并且维护上能做到统一管理每一路信号的传输。(2) 用井水做循环介质，采用"风机+湿帘"以负压通风方式实现自动水帘降温控制，利用湿帘墙降温系统，水蒸发原理、负压通风原理来排出房间的废气、污气、粉尘颗粒及解除高温闷热。(3) 采用风道加热方式分散加热、局部增温；PID 连续调节、上位机集中控制，养猪场自动监控系统和自动控制系统电路如图 8-9 所示。

2. 养猪场自动监控系统和自动控制系统的主要技术指标

(1) 计算机自动采集自动控制设备数据，并存入计算机供决策参考。
(2) 计算机提醒，及时淘汰产量低的母猪，时间提前一周。
(3) 数据查询速度高；
(4) 报表统计速度高；
(5) 环境温度自动控制精度优于±2℃；环境相对湿度自动控制精度优于±5%；
(6) 24 小时实时监控系统猪场。

3. 养猪场自动监控系统和自动控制系统的主要经济指标

(1) 提高生猪综合成活率，每年新增利润 250 万元；
(2) 降低饲料消耗与增重比（即料肉比）0.05；

(3) 每年节省饲料近 1000 吨，节能降耗折算降低成本约 250 万元。

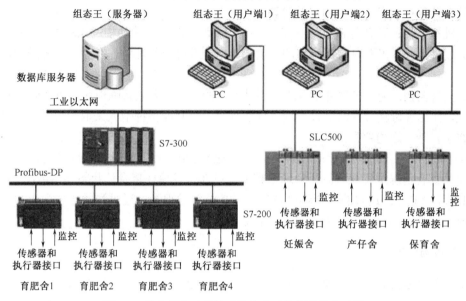

图 8-9 养猪场自动监控系统和自动控制系统电路图

运用视频监控、温湿度自动控制及计算机网络技术，实现养猪场自动视频监控、种猪厂房自动温湿度调节、育种厂房自动恒温保温调节及信息化管理功能。应用的技术主要应用于养猪场、养牛场等类似企业的生产过程自动监测、自动控制及生产管理信息化管理。

4. 养猪场远程视频监控

网络数字视频监控系统是以计算机网络为依托，系统将传统的视频、音频及控制信号数字化，以 IP 包的形式在网络上传输，实现了视频/音频的数字化、系统的网络化、应用的多媒体化以及管理的智能化。

网络数字监控系统通过软件提供一个完善的用户界面，所有的常规操作如监视器、摄像机、矩阵等均可通过鼠标来控制，而无须使用菜单或输入命令，警报可以通过单击鼠标来确认，操作者的所有操作可以自动记录。

网络传输介质可以采用：局域网、广域网、因特网；支持在 ADSL、ISDN 及 DDN 等线路上进行传输。可在网络上任一点实现分控，就如同操作者在监控中心所做的操作一样。是对传统监控系统中监控中心所起作用的扩展和延伸。

利用远程视频监控系统来帮助管理人员实现对养猪场生产过程的监督管理具有重大意义。

（1）养猪场大都建立在远离市区的地方，老板要随时了解猪场的情况十分不方便，并且养猪场一般都采取封闭式管理，不方便人员随时进入。

（2）可根据需要邀请专家通过远程视频监控系统对养猪厂提供远程指导和诊疗。

（3）有利于客户远程观察了解猪场养殖情况从而增加销售机会，节省销售成本。

（4）猪是好静动物，场内管理和饲养人员利用视频监控对猪场进行巡视可减少人员亲自巡栏给猪带来的打扰。

（5）员工监控：提高饲养员的工作效率，监督其饲养工作责任心。

（6）防盗监控：夜间如有外来人员进入养殖场进行蓄意破坏、盗窃牲畜，实施全面动态录像并存储在计算机硬盘中，供用户随时调阅。

（7）牲畜监控：防范牲畜跳栏互咬、互殴及践踏，以及其他动物进入场内。

（8）配种监控：可及时掌握母猪的发情期，便于准确空腹配种，有利于配种成功，减少流产。

（9）分娩监控：无论是严寒的冬天，还是炎热的夏日，无须亲临现场就可实时观看牲畜的生产过程，如出现母猪分娩时间过长或其他意外时，可立即指挥他人采取紧急措施，防止小猪仔被夹在子宫或产道内窒息而死。

（10）猪仔状态监控：仔猪的饲养是猪场的关键环节。由于害怕人们的打扰，利用视频监控对仔猪的饮食情况进行观察胜于现场观察。也可及时发现仔猪身体状态异常情况。

（11）环境监控：适宜的生活环境是养殖成功的关键因素，通过视频监控观看栏舍温湿度计，及时了解栏舍温湿度，从而及时采取有效措施。

5. 养猪场监控方案

（1）在各栏舍安装一台天视达红外夜视型网络智能高速球，通过网线或上位机接入值班室送到服务器。

（2）在养猪场围墙上沿围墙安装天视达网络红外一体机。接入猪场局域网，或安装红外一体机通过视频服务器接入猪场局域网。

（3）管理人员、饲养员的计算机上安装网络视频管理软件，以观看视频。

（4）场外管理人员、用户通过互联网观看各监控点。

（5）办公室配备一台存储服务器以存储备份各监控录像。

8.5.9 畜牧养殖场电围栏控制电路图

电围栏控制电路，兼有高压反击式防盗报警功能，除能作为畜牧养殖场和放牧草场的高压围栏外，还可作为鱼塘或瓜果园的防盗报警器使用。

1. 畜牧养殖场电围栏控制电路的组成

畜牧养殖场电围栏控制电路由电源电路、高压电路和声光报警电路组成，如图 8-10 所示。

电源电路由电源开关 S、电源变压器 T1、整流桥堆 UR、滤波电容器 C1、限流电阻器 R1 和稳压二极管 VS 组成。

高压电路由升压变压器 T2、氖指示灯 HL、电阻器 R3、照明灯 EL1 和电源变压器 T3 的二次绕组组成。

声光报警电路由 T3、晶闸管 VT，二极管 VD1、VD2，电阻器 R2，电容器 C2、C3，电位器 RP，继电器 K，交流接触器 KM，照明灯 EL2 和报警器 HA 组成。

接通电源开关后，交流 220 V 电压经 T1 降压、UR 整流、C1 滤波、R1 限流及 VS 稳压后，产生 12 V 直流电压，作为报警器 HA 和继电器 K 的工作电源。

升压变压器 T2 的一次绕组与并联在 T3 一次绕组上的 EL1 串联后接入市电。接通 S 后，氖指示灯 HL 点亮，但 EL1 因流过的电流较小而不发光，T3 的二次绕组无电压输出，此时 T2

的二次绕组上将产生 4000~6000 V 的感应电压。

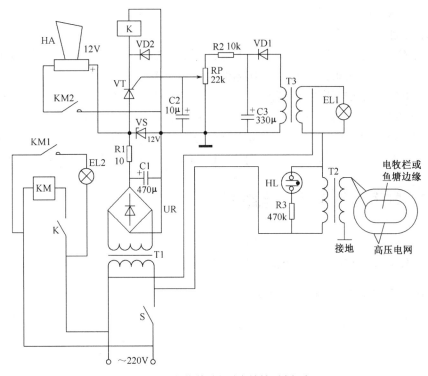

图 8-10　畜牧养殖场电围栏控制电路

T2 二次绕组的一端接大地,另一端用电线（ϕ1 mm 的裸铜线或铝线、铁丝）将养殖场、放牧草场的围栏或鱼塘、瓜果园的边缘区域圈绕一圈或两圈（应用绝缘瓷瓶绝缘后固定）。当有牲畜、盗贼触及电线或将电线弄断时,电线上的高压将通过牲畜或盗贼的身体与大地产生回路,使牲畜或盗贼受到高压电击,而产生威慑作用（此电流较小,并无危险,且在牲畜或盗贼受到电击后高压会立即消失）。此时,T2 电感量迅速下降,其一次绕组上的电压也会大幅度降低,使 HL 熄灭,交流 220 V 电压几乎全部加在 EL1 两端,将 EL1 点亮,同时在 T3 的二次绕组上产生 12 V 感应电压；该电压经 VD1 整流、C3 滤波及 R2、RP1 分压后加至 VT 的门极上,使 VT 受触发而导通,K 通电吸合,其常开触点接通 KM 的工作电源,KM 吸合,KM 的两组常开触点接通,一方面将 EL2 点亮,另一方面使 HA 通电发出报警声。

2. 畜牧养殖场电围栏控制电路元器件选择

R1~R3 均选用 1 W 金属膜电阻器。
RP 选用有机实心可变电阻器。
C1 和 C2 均选用耐压值为 16 V 的铝电解电容器；C3 选用耐压值为 25 V 的铝电解电容器。
VD1 和 VD2 均选用 1N4007 型硅整流二极管。
VS 选用 1 W、12 V 的硅稳压二极管。
UR 选用 1A、50 V 的整流桥堆。
VT 选用 MCR100-6 型晶闸管。
EL1 选用 40~60 W 的白炽灯泡；EL2 选用 1000 W 的碘钨灯或探照灯（EL1 安装在监控

室内，EL2 安装在监控室外或监测区内)。

HA 选用 12 V 高响度报警蜂鸣器。

HL 选用普通氖指示灯。

K 选用 JZC-22F 型 12 V 直流继电器。KM 选用 JZX-20 型 220 V、10 A 交流接触器（使用时可将其 3 组主触点并联来控制 EL2，用其副触点控制 HA）。

T1 选用 30 W、二次电压为 12 V 的电源变压器；T2 选用 150～200 W、二次电压为 4000～5000 V 的高压变压器或用横截面积为 30 mm×30 mm 的 U 形铁芯自制：一次绕组用 ϕ0.31 mm 的高强度漆包线绕 800～900 匝、二次绕组用 ϕ0.1 mm 的高强度漆包线绕 24000～25000 匝，整个高压变压器应用环氧树脂密封；T3 选用 3～5 W、二次电压为 12 V 的电源变压器。

8.5.10　牲畜产仔告知器电路图

牲畜产仔告知器，采用无线遥控方式，在检测到牲畜产仔落地后，无线发射器将发射牲畜产仔的信息，使安装在牧民家中或值班室的无线接收报警装置发出报警声。

1. 牲畜产仔告知器电路图电路组成

牲畜产仔告知器电路由检测信号无线发射器电路和无线接收报警器电路组成，如图 8-11 所示。

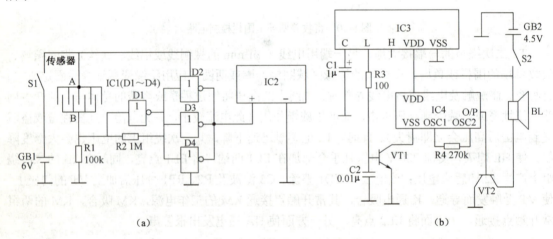

图 8-11　牲畜产仔告知器电路

检测信号无线发射器电路由电池 GB1，电源开关 S1，传感器，电阻器 R1、R2，非门集成电路 IC1（D1～D4）和无线遥控发射集成电路 IC2 组成。

无线接收报警器电路由无线遥控接收集成电路 IC3，电阻器 R3、R4，电容器 C1、C2，晶体管 VT1、VT2，报警音效集成电路 IC4，电池 GB2，电源开关 S2 和扬声器 BL 组成。

平时，传感器的电极 A、B 之间呈高阻状态，非门 D1 的输入端为低电平，输出端为高电平，非门 D2～D4 的输出端为低电平，IC2 不工作，无线接收报警器电路收不到无线报警信号，扬声器 BL 不发声。

当牲畜产仔落地时，传感器的电极 A、B 之间变为低阻状态，非门 D1 输出低电平，非门

D2～D4输出高电平，IC2通电工作，向空中发射无线电报警信号。IC3接收到IC2发射的无线电信号后，L端输出高电平，使VT1饱和导通，IC4通电工作后，其O/P端输出的音效电信号经VT2放大后，驱动BL发出报警声。

2. 牲畜产仔告知器电路元器件选择

R1～R4选用1/4 W金属膜电阻器或碳膜电阻器。

C1选用耐压值为10 V的铝电解电容器；C2选用涤纶电容器或独石电容器。

VT1和VT2选用59013或58050型硅NPN晶体管。

IC1选用CD4069或CC4069型非门集成电路；IC2选用RCM-1A型无线遥控发射集成电路；IC3选用RCM-1B无线遥控接收集成电路；IC4选用KD9561型报警音效集成电路。

S1和S2均选用小型单极拨动式开关。

BL选用0.25 W、8Ω的电动式扬声器。

BG选用4F22型6V叠层电池；GB2使用3节5号电池串联。传感器可使用两根裸金属线制作。

8.6 思考题与习题

1. 自动化养鸡、养猪场的布局和特点是什么？
2. 自动化养猪主要设备是什么？
3. 养鸡场风机的结构、选择、使用和维护是什么？
4. 养鸡场水帘降温系统的原理、特点、使用和维护是什么？
5. 鸡舍自动控制器电路图是什么？
6. 雏鸡孵出告知器电路图是什么？
7. 养鸡场综合自动化控制系统和视频监控系统图是什么？
8. 养猪厂典型环境自动监控系统和自动控制系统电路图是什么？
9. 畜牧养殖场电围栏控制电路图是什么？
10. 牲畜产仔告知器电路图是什么？

第9章 农村电气运行安全技术

9.1 概述

当今电力作为主要能源形式之一,为工农业生产、国防、交通、通信、人民日常生活等提供动力,是国民经济的重要支柱之一。因此,电力系统的运行必须安全、可靠、经济、合理。在电力系统运行与检修的过程中,电气安全技术分为两个方面,一个是工作人员的人身安全;另一个是电力系统与电气设备安全。电气安全技术与专业技术是密不可分的,电气安全技术为电气技术工作提供安全保障,同时,电气专业技术又为电气安全技术提供理论基础。随着科学技术的不断发展与更新,出现了新的安全技术,同时新设备及新技术的应用又为电气安全技术提出了新的要求和课题。

根据1995年12月28日第60号主席令,1996年4月1日开始施行《中华人民共和国电力法》;1996年国务院第196号令颁布了《电力供应与使用条例》;2000年3月18日,国家电力公司又以3号文再次强调并颁发了《安全生产工作规定》。使中国电力行业逐步走向法制化、规范化、制度化。这可足以看出电气安全工作的重要性。为了确保上述两个"安全",中国电力行业还颁布了从事电气工作的人员在工作过程中必须遵守的《电业安全工作规程》,其中对有关电气运行、检修等工作中必须遵守的各项措施做了详细的规定。包括发电厂和变电所电气部分(DL408-91)、电力线路部分(DL409-91),以及热力和机械部分(电安生[1994]227号)。

为了保证电力系统的安全运行,杜绝或尽可能地减少事故的发生,电力从业人员在运行维护、检修等工作当中,就必须采取一定的措施,包括安全技术措施与组织措施,两者相辅相成,不可或缺。下面介绍电气运行安全技术措施与组织措施。

9.1.1 农村电气安全运行组织措施

农村电气安全运行的组织措施是通过一定的规章制度和组织工作程序,来保证电气工作的安全。电气安全组织措施的内容很多,下面主要介绍常用的组织措施。

1. 建立健全规章制度与工作规程

在长期的电力生产实践中，人们总结出保证安全生产的各种经验，并由电力部门整理成文，如安全操作规程、电气安装规程、运行管理规程、维护检修规程、电气试验规程等。这都是前人在工作实践当中的经验和教训总结，有的甚至是用生命换来的，所以在工作当中要严格遵守执行。

供电部门及各电力用户都应根据《电业安全工作规程》结合本单位的实际情况，建立健全的电气安全运行工作规程。如设备运行规程、检修规程、试验规程等。对电力系统中的重要设备，如发电机、电力变压器、大型高压电动机、继电保护装置及二次回路等，要分别制定现场运行规程及维护、检修规程。并严格遵照执行。

电气设备上的工作有的允许带电作业，有的要在停电后进行。必须严格执行安全工作制度，包括工作票制度、工作许可制度、工作监护制度、操作票制度等。这是保证安全的必要组织措施。

2. 日常巡检与定期电气运行安全检查

日常巡检由电气运行人员进行，一般每天一次，及时发现安全隐患，并汇报、处理。另外，供电部门及电力用户对电气设备需定期进行安全检查，及时发现安全隐患，并将其消除，避免危险或故障发生或恶化。安全检查一般由电气工程技术人员进行，每季度或每月一次，在雨季或气候恶劣时应适当缩短检查周期。对于发现的问题应及时整改，并记录备案。一时不能解决的要提出安全整改计划，尽快解决，也记录备案。

一般电气安全运行检查的内容包括电气设备外观是否完好，设备表面是否清洁，电气设备工作有无异常现象，设备绝缘是否损坏，设备裸露带电部分或可能带电部分的屏护及遮拦是否齐全并符合要求，设备绝缘电阻是否合格，接地电阻是否符合要求、防雷设备是否完好并符合要求，保护接地和保护接零是否正确可靠，日常巡检及其他电气安全规章制度是否得到严格执行，电气规章制度及工作规程是否健全，电气安全用具及电气灭火器材是否齐全并完好，防爆防水等特殊场合的电气设备是否完好并符合要求等。

3. 建立电气运行安全技术档案

对电力系统及重要电气设备要建立完善的安全运行技术档案，一般与设备技术资料并存。记录电力系统或电气设备的技术安全资料，由专人保管。这是做好安全技术工作的重要依据之一。

4. 落实电气安全运行责任制度

各单位电气安全运行工作应有专人负责，应根据本单位的情况制订安全措施计划，并能将其有计划地落实，不断提高电气运行安全的管理水平，达到电气安全运行管理的科学化、制度化、规范化。

5. 实施电气安全教育与安全培训

对于新进员工，要进行厂级、车间级与岗位级三级电气运行安全教育，经考试合格后方可

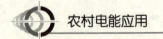

上岗工作。对于三个月及以上离开电气工作岗位又回岗者，应进行电气运行安全教育，并考试合格后方可上岗工作。安全教育与培训的内容主要包括《电业安全工作规程》、供用电的安全技术知识、电气设备的操作与运行规程、触电急救与电气灭火技能等。

另外，按照近年来国家劳动部门持证上岗的有关规定，对于电气运行与检修人员，都应持有电工证，通过每年劳动部门的电工证年审，并经考试合格。

6. 组织电气事故分析

对于已发生的电气事故，要组织工程技术人员进行事故分析，找出事故发生的原因，及时进行处理，并制定出以后工作过程中避免同类事故发生的有力措施。从中吸取教训，总结经验，惩前毖后，不断提高安全意识与安全技术水平。

9.1.2　农村电气安全运行技术措施

电气安全运行技术措施主要是利用不同电压等级下的绝缘安全距离，在工作人员与可能的带电体之间设置各种屏护或遮拦设施，使工作人员工作活动的最大范围与可能的带电体之间的距离在安全范围以内，同时将可能的带电体可靠接地，以防意外突然来电，另外还可利用漏电保护装置和安全电压技术。一般通用的电气安全技术措施有以下几种。

1. 电气设备绝缘

电气设备在运行过程中，相间、相对地、相对设备外壳的绝缘是一项重要的技术措施。它可以防止相间、相对地短路，可以保证电气设备的操作把手、可能触及人体的设备外壳不带电，从而防止触电事故的发生。绝缘介质通常可以采用气体、液体和固体，气体和液体绝缘介质一般用于电气设备的相间、相对地的绝缘，而对人体可能触及的部位一般都采用固体绝缘介质。各种绝缘材料的绝缘性能主要用绝缘电阻、耐压强度、泄漏电流、介质损耗等指标来衡量。

2. 屏护措施

当电气设备不便于绝缘或绝缘强度不足以保证安全时，应采取屏护措施。以确保人体与带电体之间有足够的安全距离间隔，以防止人体过分和意外接近带电体，发生人身触电事故。通常使用的屏护有遮拦、护罩、护盖、障碍、隔板等。除防止人体触电外，有的屏护还起到防止电弧伤人、弧光短路和便于检修的作用。另外，凡是使用金属材料制成的屏护装置，必须将其可靠接地或接零。

安装在室外地面上的变压器以及安装在车间或公共场所的变配电装置，均需装设遮拦或栅栏、围墙作为屏护。其高度不应低于 1.7 m，采用网眼遮拦，下部边缘离地面不应超过 0.1 m，网眼不应大于 40 mm×40 mm。网眼遮拦与裸导电体的距离：低压不应小于 0.15 m；10 kV 不应小于 0.35 m；20～35 kV 设备不应小于 0.6 m。户内栅栏高度不应低于 1.2 m，户外不应低于 1.5 m。对低压设备遮拦与裸导电体距离不应小于 0.8 m。户外变压装置的围墙高度不应低于 2.5 m。

屏护装置在使用时应与下列安全措施配合使用：

（1）屏护装置应有足够的尺寸，与带电体之间的保护有一定的安全距离；

（2）被屏护的带电部位应有明显的标志，标明规定的符号或涂上规定的颜色；

（3）遮拦和栅栏等屏护装置上，应根据被屏护对象的性质，挂上"止步，高压危险！"或"禁止攀登，高压危险！"等字样的标示牌，必要时应上锁；

（4）配合使用信号装置和连锁装置，一般用灯光或仪表指示作信号，采用专门装置，当人体越过屏护装置可能接近带电体时，被屏护的装置会自动断电。

3. 漏电保护装置

漏电保护装置又称为残余电流保护和接地故障电流保护，大多用在低压系统当中，如临时电源等。只作为接地或保护接零的附加保护，不能单独使用。在使用手持式电动工具等直接与人体接触并可能漏电的电气设备时，必须使用漏电保护装置。动作电流选择 30 mA 以下，动作时间不得大于 0.1 s。

4. 保护接地与接零

在电力系统中，由于电气装置绝缘老化、磨损或被过电压击穿等原因，都会使原来不带电的部分（如金属底座、金属外壳、金属框架等）带电，或者使原来带低压电的部分带上高压电，这些意外的不正常带电将会引起电气设备损坏和人身触电伤亡事故。为了避免这类事故的发生，通常采取保护接地和保护接零的防护措施。

（1）保护接地。

保护接地是指将电气装置正常情况下不带电的金属部分与接地装置连接起来，以防止该部分在故障情况下突然带电而造成对人体的伤害。

在电源中性点不接地的系统中，如果电气设备金属外壳不接地，当设备带电部分某处绝缘损坏碰壳时，外壳就带电，其电位与设备带电部分的电位相同。由于线路与大地之间存在电容，或者线路某处绝缘不好，当人体触及带电的设备外壳时，接地电流将全部流经人体，这是十分危险的。采取保护接地后，由于接地体接地电阻很小，设备外壳等带电部位的电位与大地相等，即使人体时，也不会发生触电的危险，从而起到保护的作用。

但是在电源中性点直接接地的系统中，保护接地有一定的局限性。这是因为在该系统中，当设备发生碰壳故障时，便形成单相接地短路，短路电流流经相线和保护接地、电源中性点接地装置。如果接地短路电流不能使熔丝可靠熔断或自动开关可靠跳闸时，漏电设备金属外壳上就会长期带电，也是很危险的。

因此，保护接地适用于电源中性点不接地或经阻抗接地的系统。对于电源中性点直接接地的农村低压电网和由城市公用配电变压器供电的低压用户由于不便于统一与严格管理，为避免保护接地与保护接零混用而引起事故，所以也应采用保护接地方式。在采用保护接地的系统中，凡是正常情况下不带电，当由于绝缘损坏或其他原因可能带电的金属部分，除另有规定外，均应接地。如变压器、电机、电器、照明器具的外壳与底座，配电装置的金属框架，电力设备传动装置，电力配线钢管，交、直流电力电缆的金属外皮等都应接地。

（2）保护接零。

保护接零是指将电气设备正常情况下不带电的金属部分用金属导体与系统中的零线连接起来，当设备绝缘损坏碰壳时，就形成单相金属性短路，短路电流流经相线—零线回路，而不经过电源中性点接地装置，从而产生足够大的短路电流，使过流保护装置迅速动作，切断漏电设备的电源，以保障人身安全。保护接零适用于电源中性点直接接地的三相四线制低压系统。

在该系统中，凡由于绝缘损坏或其他原因而可能呈现危险电压的金属部分，除另有规定外都应接零。一般三相四线制的低压系统中，进户时接地线与零线必须分开，不可共用。以防止零线断线时，发生人身触电的危险。因此，应该严防零线断线，并采取重复接地。

（3）重复接地。

重复接地指电气设备在接零系统中，零线仅在电源处接地是不够安全的。为此，零线还需要在低压架空线路的干线和分支线的终端进行接地；在电缆或架空线路引入车间或大型建筑物处，也要进行接地（距接地点不超过 50 m 者除外）；或在屋内将零线与配电屏、控制屏的接地装置相连接，这种接地称为重复接地。

如果短路点距离电源较远，相线－零线回路阻抗较大，短路电流较小时，则过流保护装置不能迅速动作，故障段的电源不能即时切除，就会使设备外壳长期带电。此外，由于零线截面一般都比相线截面小，也就是说零线阻抗要比相线阻抗大，所以零线上的电压降要比相线上的电压降大，一般都要大于 110 V（当相电压为 220 V 时），对人体来说仍然是很危险的。当零线断线且在断线处后面任一电气设备发生碰壳短路时，会使断线处后面所有接零设备外壳对地电压均接近于相电压（断线处前面接零，设备外壳对地电压近似于零），这也是很危险的。采取重复接地后，重复接地和电源中性点工作接地构成零线的并联支路，从而使相线－零线回路的阻抗减小，短路电流增大，使过流保护装置迅速动作。由于短路电流的增大，变压器低压绕组相线上的电压相应增大，从而使零线上的压降减小，设备外壳对地电压进一步减小，触电危险程度大为减小。

5. 安全电压

根据用电场所的特点，手持式和移动式电动工具及照明灯具，采用相应等级的安全电压。手持式灯具电压不超过 36 V，在金属容器中和潮湿场所使用其电压不超过 12 V。

9.1.3　其他电气安全运行措施

1. 高压设备运行安全工作的基本要求

（1）值班与设备巡视工作。

① 高压设备值班人员必须熟悉设备，值班负责人还应有实际工作经验，不许单人值班。

② 不论高压设备带电与否，值班人员和经电气方面领导批准允许巡视高压设备的非值班人员，不得单独打开高压开关柜的柜门和柜板。凡打开柜门的工作人员能够触及带电导体者，柜门应加锁。不得单独移开或越过遮拦进行工作。若有必要移开时，必须有监护人在场，并符合电气安全技术措施中所规定的电气安全距离。单人巡视设备时，不得进行其他工作。

③ 雷雨天气，需要巡视高压设备时，应穿绝缘靴，不得靠近避雷器和避雷针。

④ 高压设备发生接地时，室内不得接近故障点 4 m 以内，室外不得接近故障点 8 m 以内。进入上述范围人员必须穿绝缘靴，接触设备外壳和架构时，应戴绝缘手套。

⑤ 巡视配电装置，进出高压室，必须随手将门锁好。高压室的钥匙至少应有三把，由值班人员负责保管，按值班时间移交。一把专供值班员使用，其他可借给有权巡视高压设备的非值班人员和工作负责人使用，但必须当日交回。

(2) 高压设备倒闸操作。

① 倒闸操作必须根据值班调度员的命令，受令人复诵无误后执行。发布命令时应准确、清晰、使用正规操作术语和设备双重名称，即设备名称和编号。发令人使用电话发布命令前，应先和受令人互报姓名。值班调度员发布命令的全过程都要录音并做好记录。受令人对命令内容若不明确，必须询问清楚，否则不准操作。

② 所有拉、合接地刀闸，装拆接地线操作，必须经值班调度员同意后方可进行。

③ 倒闸操作应填写操作票，操作票根据调度下达的"停送电命令票"或口头电话下达的命令，操作任务内容由操作人填写。每张操作票只能填写一个操作任务。操作任务栏应填写操作目的、主要操作内容和重要的操作过程。操作票应用钢笔或圆珠笔填写，必须用仿宋体，票面应清楚整洁，不得任意涂改。操作人和监护人根据模拟图板或接线图核对操作票无误分别签名，然后经值班负责人审核签名，操作票填好后，等调度下令或征得调度同意后，才能进行操作，严禁约时停送电。

④ 倒闸操作必须由两人执行，其中一人对设备较为熟悉者做监护。特别重要和复杂的倒闸操作，由熟练的值班员、操作值班负责人或站长监护，未转正的学员不得操作。开始操作前，应在模拟图板上进行核对性模拟预演，无误后再进行设备操作。操作时应先核对设备名称、编号和位置，操作中应认真执行监护复诵制。发布操作命令初复诵命令都应严肃认真，声音洪亮清晰。必须按操作票填写的顺序逐项操作。每操作完一项检查无误后做一个"√"记号，全部操作完毕后进行复查。

⑤ 操作中发生疑问时，应立即停止操作并向值班调度员与值班负责人报告，弄清问题后，再进行操作。不准擅自更改操作票，不准随意解除闭锁装置。

⑥ 下列项目应填入操作票内：应拉合的开关和刀闸、手车，检查开关和刀闸、手车的位置，检查接地线是否拆除，检查负荷分配，装拆接地线，安装或拆除控制回路或电压互感器回路的保险，切换保护回路和检验是否确无电压等。

⑦ 操作票应填写设备的名称和编号。操作票应先编号，按照编号顺序使用。每张操作票操作项目填写完剩余空白处，应画顶格折线表示以下空白。已执行的操作票应盖"已执行"章，作废的操作票应盖"作废"章，已执行完毕的操作票不得重新抄写整理。上述操作票保存三个月。

⑧ 下列各项工作可不用操作票，但应有人监护并做好操作记录。

a．事故处理；

b．拉合开关的单一操作；

c．拉开接地刀闸或拆除全厂（站）仅有的一组接地线。

⑨ 停电拉闸操作必须按照开关、负荷侧刀闸、母线侧刀闸的顺序依次进行，送电合闸操作应按上述相反的顺序进行。手车式开关柜停电时应先断开开关后反手车拉到试验位置，送电时顺序相反。只装有刀闸的变压器停电操作时应先进行电源停电操作，再拉开变压器刀闸，送电顺序相反。严禁带负荷拉合刀闸。允许用刀闸拉合电压互感器、避雷器和容量为 315 kW 及以下的空载变压器（包括站用变压器）。

不许带负荷拉合跌落保险，但允许拉合 315 kW 及以下的空载变压器。用绝缘棒拉开跌落保险时应先拉中相，后拉两边相，合上时顺序相反。

⑩ 为防止误操作，高压设备应加装防止误操作的闭锁装置。所有投运的闭锁装置未经值

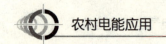

班调度员与值班负责人同意不得退出或解除。凡没经闭锁的高压刀闸,其操作机构均应加锁。

用绝缘棒拉合刀闸、跌落保险或经传动机构拉合刀闸、开关以及操作手柄时,均应戴绝缘手套。雨天室外高压操作时,绝缘棒应有防雨罩,还应穿绝缘靴。雷电时停止计划倒闸操作。

电气设备停电后即使是事故停电,在未拉开有关刀闸、手车和作好安全措施以前,不得触及设备或进入遮拦,以防突然来电。

在发生人身触电事故时,为了解救触电人员,可以不经许可,即行断开有关设备的电源,但事后必须立即报告调度和上级。

(3) 高压设备上工作的安全措施分类。

① 全部停电的工作,是指室内高压设备全部停电(包括架空线路与电缆引入线在内),通至邻近高压室的门全部闭锁,以及室外高压设备全部停电(包括架空线路与电缆引线在内)。

② 部分停电的工作,是指高压设备部分停电,或室内虽全部停电,而通至邻近高压室的门未全部闭锁。

③ 不停电工作,是指工作本身不需要停电和没有偶然触及导电部分的危险者,以及许可在带电设备外壳上或导电部分上进行的工作。

(4) 高压设备上的工作必须遵循的要求。

① 填写工作票或口头、电话命令;

② 至少应有两人在一起工作;

③ 完成保证工作人员安全的组织措施和技术措施。

2. 电力电缆上的工作

(1) 高压电力电缆停电工作应填写第一种工作票,不停电工作填写第二种工作票。由低压配电室配出的低压电缆停电工作,也应填用第二种工作票。工作前必须详细核对电缆名称、标示牌是否与工作票所写的符合,安全措施正确可靠后方可开始工作。

(2) 挖掘电缆工作,应由有经验人员交代清楚后才能进行。挖掘电缆沟前,应做好防止交通事故的安全措施。在挖出的土堆起的斜坡上,不得放置工具、材料等杂物。沟边应留有走道。

(3) 挖出的电缆或接头盒,如下面需要挖空时,必须将其悬吊保护,悬吊电缆应每隔1.0~1.5 m吊一道。悬吊接头盒应平放,不得使接头受拉力。移动电缆接头盒一般应停电进行。

(4) 锯电缆以前,必须与电缆图纸校对是否相符,并确认电缆无电后,用接地的带木柄铁钎钉入电缆芯后,方可开始工作,扶木柄的人应戴绝缘手套并站在绝缘垫上。

(5) 电缆井内工作时应戴安全帽,做好防火、防水以及防止高空落物等措施,进井前应排除井内浊气,井口应有专人看守。

3. 低压操作及在低压设备上的工作

(1) 低压配电室的低压受电开关、母线、母联以及低压电源联络线路的倒闸操作,可执行高压操作的有关规定。低压馈出线的操作可按值班负责人的命令执行,值班负责人应事先与调度人员或用电单位取得联系,确认可以操作后方可下达操作命令。低压馈出线的操作可不用操作票,但必须有人监护并做操作记录。

(2) 凡在低压配电室内进行的和需要在低压配电室采取安全措施的低压电气工作,均应填写第二种工作票。其他工作,如在低压电动机和照明回路上的工作等,可用口头联系。上述工作至少由两人进行。在低压配电室内由当值值班人员更换指示灯泡、测量负荷电流等简单工作，可以不用工作票，但应有人监护。

（3）注意低压设备停电工作的安全措施。

① 停电，断开开关、刀闸，将抽屉柜拉出或取下保险，断开开关、接触器的控制电源，可靠断开检修设备各方面的电源。母线停电时还应断开有可能反送电的馈出线开关。严禁在只经按钮停电的设备上工作。

② 工作前必须验电，并确认确无电压。

③ 在断开的开关、刀闸的操作把手上或抽屉柜门上挂"禁止合闸，有人工作！"标示牌。

④ 低压带电工作时应设专人监护，使用合格的绝缘工具，站在干燥的绝缘物上，穿长袖工作服。必要时戴绝缘手套、工作帽和护目眼镜。不得使用锉刀、金属尺等工具，可将工作部分带电导体各相之间、火线与地线之间用绝缘隔开。严格防止人体同时接触两相带电导体、一相带电导体与设备上壳等接地体。

4. 防小动物措施

在变配电室、电气设备、配电柜、电缆沟中，应当采取预防老鼠、蛇等小动物进入和破坏的措施，以防止小动物咬破电线电缆绝缘、动物身体造成母线相间或相对地短路等事故。

这类措施主要包括在变配电室门口设高约 60～80 cm 的挡鼠板；定期在电缆沟、变配电室内放置灭鼠药、粘鼠板，并加强巡视；尤其是冬天，由于电线电缆因流过电流而发热，小动物可能为寻找温暖的地方而在电缆沟或配电柜母线上，容易造成事故，应加强注意。

5. "三不伤害"

在电气工作当中，工作人员一定要树立强烈的安全意识，做好各项安全工作，确保人身安全，以确保设备与电力系统的安全。做到三不伤害，即不伤害自己；不伤害别人；不被别人伤害。

9.2 农村触电的形式

触电的形式可分为单相触电、两相触电、跨步电压触电、接触电压触电四种。

1）单相触电

在中性点接地的电网中，当人站在大地上，接触到一相带电导体时，电流经人体流入大地，流回电源，造成单相触电，如图 9-1 所示。

在触电事故中，大部分属于单相触电。一般是由于电器或导线等有缺陷，被使用者不小心触及时所造成的。

2）两相触电

无论电网的中性点是否接地，如果人体同时与三相电网中任何两根相线接触，线电压直接加在人体上，电流就会从一根相线通过人体流到另一根相线，造成两相触电，如图 9-2 所示。这时，加在人体上的电压比单相触电时高，后果更为严重。电工在电杆上带电工作时容易发生此类触电事故。

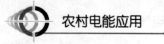

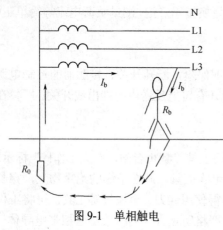

图 9-1　单相触电

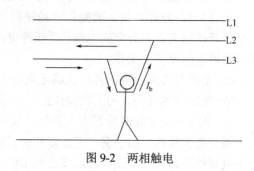

图 9-2　两相触电

3）跨步电压触电

当架空线路的一根带电导线断落在地上，而电源并没有被切断时，在断线落地处会形成不同的电位。就会在两脚之间产生电位差，即跨步电压。假设是 10 kV 导线落地，每米间距上平均电位差为 500 V，一般人的跨步约 0.8 m，这样就会有 400 V 跨步电压加在人体上，离落地点越近电位差越大，触电危害也越大。如果这时人倒地，将会更危险。跨步电压触电如图 9-3 所示。

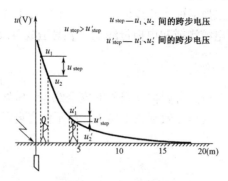

图 9-3　跨步电压触电

9.3　农村触电和触电急救的方法

在日常的生产生活当中，触电事故是无法绝对避免的。因此，就有必要掌握一定的触电急救知识，以便在发生触电事故时应急使用，对于电气工作人员则是必备常识。

当发生触电事故时，首先不要慌乱，要沉着、镇定，保持思路清晰，然后要分秒必争的对触电者采取各种措施，对触电者进行触电急救。基本步骤是首先设法将触电者快速地脱离电源，然后观察其受伤害程度，立即采取人工呼吸、心脏按压等心肺复苏抢救措施，同时对较严重的外伤做临时处理，并尽快通知医护人员赶往现场，或送往医院抢救。

9.3.1 触电后的临床表现

发生触电事故后，触电者的临床表现根据其受伤害程度可以分为轻型、中型与严重型三种，同时可能会伴有不同程度的因电灼伤及高空跌落等造成的外伤。

1. 轻型伤害

精神紧张，面色苍白，表情呆滞，呼吸心跳加快，甚至出现短暂神志丧失，但很快可以恢复。恢复后有肌肉疼痛感，疲乏无力，头痛恶心等症状。

2. 型伤害

出现惊恐、心慌、肌肉痉挛、神志丧失、呼吸心跳加快、心律不齐、血压下降等症状。

3. 严重伤害

神志丧失，心跳停止，手试颈动脉搏动与心跳音消失，呼吸规则或停止、休克，面色、口唇苍白或发紫，瞳孔放大，对光反射消失。人的心跳若停止 4~6 min，则脑组织出现不可恢复的损伤。有时因触电而导致咽喉部肌肉痉挛，窒息而死亡。

4. 创伤

有时因触电后肌肉痉挛、昏迷而摔倒或从高空跌落，以及电气设备爆炸等原因，可造成四肢、颅内、内脏或肢体骨骼损伤。还有可能出现电灼伤，灼伤伤口一般呈现干性伤面或皮肉破裂、烙印等。

9.3.2 脱离电源的方法

发生触电事故后，应立即进行抢救，在保证抢救者安全的前提下，快速将触电者脱离电源。脱离电源一般有以下几种方法。

（1）断开与触电者有关的电源。

（2）用绝缘物拉开触电者脱离电源。此时应注意所用绝缘物或绝缘工具应安全可靠，在脱离电源前不得接触触电者的身体，以保证抢救者的安全。将触电者从高空下放时，要做好防止摔伤的措施，用绝缘物拉开触电者时，也要防止触电者跌倒摔伤。

（3）电源短路法。设法人为将电源对地或相间短路，造成开关跳闸、熔丝熔断，从而断开电源。此方法适用于低压架空裸导线、带断路器保护或熔断器的电源，高压触电时不得用此电源短路法，以防止造成重大事故。高压触电无法断开电源时，应立即通知上一级供电部门发生触电事故，拉闸停电。

9.3.3 心肺复苏法

发现触电事故发生，抢救工作应分秒必争，使触电者脱离电源后，立即判断其伤势情况，若出现心跳停止、休克等症状,应立即对其进行心肺复苏抢救。下面介绍心肺复苏抢救法的操作方法及注意事项。

1. 心跳与呼吸停止的诊断

一般较严重的触电者触电后神志丧失,出现全身抽搐现象;面色苍白,口唇发紫,瞳孔放大,失去光泽;心音消失,可将耳朵贴近触电者胸部心脏处,听是否有心跳声;呼吸停止或不均匀,可看触电者胸部是否有起伏,用手指贴近其口鼻处是否有气流;颈动脉脉搏消失,可用食指、中指触摸触电者喉结外侧二指处,看是否有脉搏。上述几条症状中,只要满足其中两条就可以断定触电者心跳呼吸停止,应立即对其进行心肺复苏法抢救,而不必等全部检查满足上述所有症状后再断定心跳呼吸停止。

2. 清除呼吸道异物

当呼吸道内有异物时,无法进行人工呼吸或不利于人工呼吸抢救,因此在进行人工呼吸前要检查呼吸道内是否有异物,如血块、呕吐物、食物等。若有异物则需先予以清除。下面介绍几种常用的清除呼吸道内异物的方法。

(1)清除口腔内异物。首先让触电者头部偏向一侧,将食指与拇指交叉,伸到触电者嘴内,撬开口腔,用另一只手的手指钩出或夹出异物,如图9-4所示。

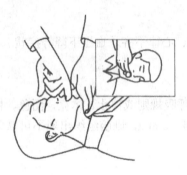

图9-4 清除口腔异物方法

(2)手推胸部、腹部清除呼吸道内异物。让触电者仰卧,手推胸部时,双手重叠,按压触电者胸骨下半部3~6次,将异物从呼吸道内推挤出来,如图9-5所示。手推腹部时,一只手掌根部放在触电者肚脐上2指处,另一只手放在前一只手背上,向下按的同时向上推挤,连续推挤3~6次,将异物从呼吸道内推挤出来,如图9-6所示。

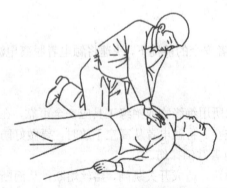

图9-5 手推压胸部法清除呼吸道内异物

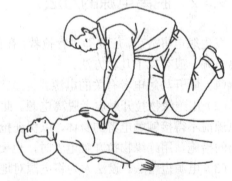

图9-6 手推挤腹部法清除呼吸道异物

(3)击背法清除呼吸道内异物。让触电者侧卧,一只手扶住触电者的肩部,另一只手掌有力拍击触电者两肩胛骨之间的部位,使异物松动而滑出呼吸道,如图9-7所示。

3. 心肺复苏操作方法

清除完呼吸道内异物后应立即将触电者摆好姿势,进行人工呼吸和人工挤压心脏的心肺复苏抢救，以尽快恢复其呼吸和心跳。

（1）打开呼吸道。让触电者仰卧，摆正姿势，便呼吸道畅通。因为触电者触电后全身肌肉松弛，舌根后垫，贴在咽喉后部，可能会堵塞上呼吸道，在进行人工呼吸前必须将呼吸道打开。可以在触电者颈下垫入物体，使其头部后仰，或者用一只手将颈部抬起，用另一只手按其额头，使其头部后仰，如图9-8所示。总之要使触电者头部后仰，使其下额角与耳垂线和地面垂直，以使呼吸道打开。

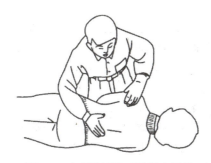

图9-7 击背法清除呼吸道内异物

图9-8 打开呼吸道

（2）人工呼吸法。打开呼吸道后若触电者仍无呼吸，则立即对其进行口对口或口对鼻人工呼吸。口对口人工呼吸法的操作方法是一只手放在触电者的额头上，用食指与拇指捏住两侧鼻孔，另一只手托住颈部，口对口向触电者呼吸道内吹气。吹2s放松3s，每分钟约吹气12次，每次吹气约900～1100ml。口对口人工呼吸的操作方法如图9-9所示。

若触电者口腔内有异物或口对口吹气不方便时，也可用口对鼻人工呼吸法。方法与口对口方法相似，一只手按住触电者的额头，另一只手捏住其嘴巴，口对鼻吹气，操作方法如图9-10所示。在进行人工呼吸时要注意触电者胸部有无起伏及起伏的幅度，观察是否恢复呼吸，以保证人工呼吸的有效性。

图9-9 口对口人工呼吸

图9-10 口对鼻人工呼吸

（3）胸部心脏按压法。这种方法的作用是恢复心跳，可结合人工呼吸同时进行。胸部心脏按压法的操作方法为抢救者站或跪在触电者胸部一侧，用中指沿触电者肋骨下缘向中移至剑突上二指处，食指与中指并拢，另一只手掌根部放在触电者胸骨上，紧贴前一手食指，再将一手重叠其上，不得交叉，而且手指抬起，不得贴附胸壁。位置错误可造成触电者肋骨骨折，肝脏破裂或胃内压力增加而导致胃内食物流出。因此，一定要保证按压位置正确。

胸部心脏按压时，抢救者双手重叠，两臂伸直，肘关节不得弯曲，身体略前倾，肩部正对胸骨，用上体的重量垂直下压胸骨。按压速度约每分钟60～80次，按压幅度约4cm，按压与放松时间比大致相等，连续进行，不得断续。

单人抢救时,每进行心脏按压 15 次,人工呼吸 2 次,如此循环,操作方法如图 9-11 所示。双人抢救时,每进行心脏按压 5 次,人工呼吸 1 次,如此循环,直至呼吸心跳恢复。

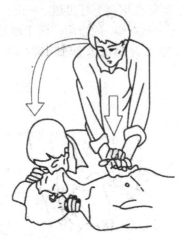

图 9-11　胸部心脏按压法操作方法

4. 抢救有效特征

用心肺复苏法对触电者进行抢救时,要随时注意观察被抢救者的反应,看其呼吸心跳是否恢复。出现自主心跳、自主呼吸、神志恢复、面色恢复红润、血压恢复或出现可触摸到的脉搏,即可认为被抢救者恢复呼吸与心跳。但此时不得大意,应继续对其注意观察。若被抢救者呼吸心跳未恢复,抢救工作就不得停止,直至其心跳呼吸恢复或医护人员到来。

9.3.4　创伤急救

在触电事故发生的同时,可能会由于跌倒、高空跌落、设备爆炸等原因,对触电者造成皮肉以及骨折等创伤,对此也需要采取一定的急救措施。

1. 高空抢救

发生高空触电事故时,应首先将触电者脱离电源,将其扶卧在自己的安全带上(或在适当的地方平躺),并注意尽可能使触电者保持气道畅通。对触电者确诊呼吸、心跳停止后,如条件允许,可先对其进行两次人工呼吸,并用空心拳头叩击其心前区两次,以促使其呼吸、心跳恢复。然后及早将触电者送至地面,并进行抢救。将触电者从高空送至地面的操作方法如图 9-12 所示。

2. 创伤急救的基本要求

(1)创伤急救原则上是先抢救、后固定、再搬运,并注意采取措施。防止伤情加重或伤口污染。需要送医院救治的,应立即做好保护触电者措施后送医院进行救治。

(2)抢救前应先使触电者安静平躺,判断全身情况和受伤程度,如有无出血、骨折和休克等。

（3）如有外部出血应立即采取止血措施，防止失血过多而休克。外观无伤；但呈休克状态，神志不清，或昏迷者，要考虑胸腹部内脏或脑部受伤的可能性。

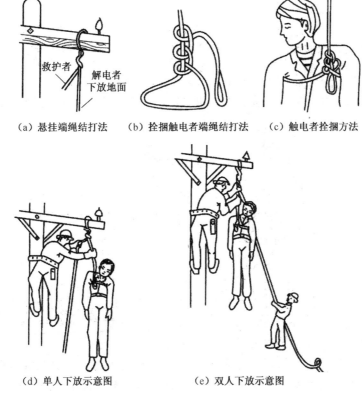

图 9-12　将触电者从高空下放

（4）为防止伤口感染，应用清洁布片覆盖。救护人员不得用手直接接触伤口，更不得在伤口内填塞任何东西或随便用药。

（5）搬运时应将触电者平躺在担架上，腰部束在担架上，防止跌下。平地搬运时触电者头部在后，上楼、下楼、下坡时头部在上，搬运中应严密观察，防止伤情突变。

3. 出血急救

（1）伤口渗血时，用较伤口稍大的消毒纱布数层覆盖伤口，然后进行包扎。若包扎后仍有较多渗血，可再加绷带适当加压止血。

（2）当伤口出现呈喷射状或鲜红色血液涌出时，立即用清洁手指压迫出血点上方（近心端），使血流中断，并将出血肢体抬高，以减少出血量，防止出血过多而休克。

用止血带或弹性较好的布带止血时，应先用柔软布片或触电者的衣袖等数层垫在止血带下面，再扎紧止血带以刚使肢端动脉搏动消失为度。上肢止血带每 60 min 放松一次，下肢 80 min 放松一次，每次放松 1～2 min。开始扎紧与每次放松的时间均应书面标明在止血带旁。扎紧时间不宜超过 4h。不要在上臂中 1/3 处和腋窝下使用止血带，以免损伤神经。若放松时观察已无大出血可暂停使用止血带。严禁使用铁丝、电线等做止血带。

（3）高空跌落、撞击、挤压可能有胸腹内脏破裂出血。受伤者外观无出血，但常表现出面色苍白，脉搏细弱，气促，冷汗淋漓，四肢发冷，烦躁不安，甚至神志不清或休克状态，应迅速躺平，抬高下肢，保持温暖，速送医院救治。若送医院途中时间较长，可给其饮用少量糖盐水。

4. 骨折急救

（1）当发生肢体骨折时，可用夹板或木棍等将断骨上、下方两个关节固定，如图 9-13 所示。也可对触电者的身体进行固定，避免骨折部位移动，以减少疼痛，防止伤势恶化。当发生开放性骨折，并伴有大出血时，应先止血，再固定。切勿将外露的断骨推回伤口内。

 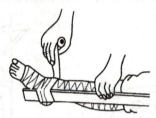

（a）上肢骨折固定方法　　　（b）下肢骨折固定方法

图 9-13　骨折固定方法

（2）当怀疑可能发生颈椎骨折时，在使触电者平躺后，用纱布袋（或其他代替物）放置头部两侧，使其固定不动，如图 9-14 所示。必须进行口对口人工呼吸时，只能采用抬颏使气道畅通，不能出现将其头部后仰或转动头部，以免引起瘫痪或死亡。

（3）当怀疑发生腰椎骨折时，应将触电者平躺在平硬的木板上，并将其腰椎躯干及两侧下肢一同进行固定，以防止瘫痪，如图 9-15 所示。搬运时应数人合作，保持平稳，不能扭曲。

 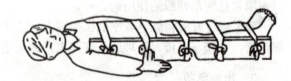

图 9-14　颈椎骨折固定方法　　　　图 9-15　腰椎骨折固定方法

5. 颅脑创伤急救

当发生颅脑创伤时，伤势可能复杂多变，而且危险性较大，应禁止给予饮食，使其采取平卧位，保持气道畅通，若有呕吐物，应扶好身体和头部，使身体和头部同时侧转，防止呕吐物造成窒息死亡。当耳鼻有液体流出时，不要堵塞，只可轻轻拭去，以有利于降低颅压，速送医院救治。

6. 灼伤急救

当发生电灼伤，电气火灾烧伤，高温高压气、水烫伤时，均应保持伤口清洁，并用清洁布片覆盖，防止污染。四肢灼伤时，可先用清洁冷水清洗，然后用清洁布片或消毒纱布覆盖，送医院进行救治。未经医务人员同意，灼伤部位不宜搽敷任何东西和药物。强酸或强碱灼伤时，应立即用大量清水彻底冲洗，迅速将被浸蚀的衣物剪去。

9.4 农村漏电保护器设备的安装和选择

9.4.1 漏电保护器设备的安装

安装前的检查阅读说明书，了解漏电保护器的铭牌、性能参数和正确的接线方式。检查漏电保护器的极数、额定电压、额定电流、额定漏电动作电流和分段时间等参数是否与所选定的一致；使漏电保护器在空载情况下接入电源，然后按动按钮，检查能否正确动作。

（1）安装前注意事项。

① 对电源系统的要求：a. 电压动作型漏电保护器必须用于电源变压器中性线不接地系统；b. 电流动作型漏电保护器使用于电源变压器中性线接地的供电系统，并且两相邻分支线路应有各自的专用中性线。

② 对安装场所的要求：为了避免阳光的影响使壳体内温度上升，需将漏电保护器安装在不受阳光直射或阴凉的地方。

③ 对进出接线的要求：对标有电源侧和负载侧的漏电保护器，安装接线必须加以区别。漏电保护器电源侧与负载侧的接法如图9-16所示。

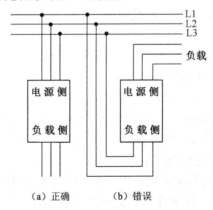

图9-16 漏电保护器电源侧与负载侧的接法

（2）投入运行前的检查。

① 分明手柄和按钮的标志。有漏电、触电指示的，如需要复位的必须先经复位后才能使漏电保护器重新投入运行。

② 检查接线正确与否。漏电保护器负载侧所接的负载，不得与未经该漏电保护器的任何相、中性线有电气连接。通俗地说，用电设备不得借用中性线或公共零线。

③ 利用试验按钮，验证漏电保护器能否正确动作。

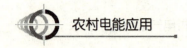

（3）巡视检查。

漏电保护器在使用中需要进行巡视，共巡视的内容主要是对其外观的检查。

（4）停电检查。

若短时间停电，则进行外观检查，使其动作正常；若长时间停电，还要对异常部分进行修理以及按标准进行内部检查。

（5）故障的排除与处理。

在使用中，如出现异常情况，应及时查明原因，弄清究竟是由线路还是漏电保护器内部元件故障引起的。如涉及漏电保护器本身的滑扣、拒扣、触点不紧、不能合闸或合闸紧、不动作、自动作、过温动作、动作点过低或过高、手柄靠偏、跳扣与按钮复位差或不复位等情况，要弄清属于产品质量问题还是与使用不当等其他因素有关。一般检查顺序是：电源电压是否偏移；接线端子与导线连接是否牢固可靠；在负载侧的用电设备或线路是否有接地故障；漏电保护器自身是否正常。

经检查后，分析产生异常情况的原因，如发现漏电保护器本身有问题，应及时换新。对换下来的漏电保护器应经过严格的检查、维修和复查。不能修复的应当报废。严禁使用修复后未经复查的漏电保护器。复查应按规定的检验标准进行，复查合格后才可使用。

（6）误动作的原因。

用电装置原来采用保护接零而出现了"重复接地"；与漏电保护器的零线使用，或与该漏电保护器以外的电气回路互相借用零线；低压线路原来安装不合理；三相四线负载使用三相三线的漏电保护器；漏电保护器的接线不当等。

（7）防止误动作的措施。

① 在三相四线制电路中，可在单相照明和三相动力的负载侧各自安装漏电保护器，使之分别供电，以防止误动。

② 对于在室外施工时，多路负载共用一台漏电保护器而引起频繁动作的情况，应将分支线路采用分路单独供电方式连接漏电保护器。

③ 用电设备离装有漏电保护器的配电箱较远时，往往采用电源接线箱解决设备用电。这种接线箱，因是单相与三相兼用的，所以用于三相负载设备没有问题。但用于单相负载设备时，只要一通电，就会引起漏电保护器动作。其防止方法是：将单相插座里的中性线与接地线分开，或将单相、三相分开采用各自的移动配电箱。

④ 装有漏电保护器与不允许装漏电保护器的用电设备不得共用一组接地装置。

⑤ 对于接零系统的单位，若使用单相或三相四线的漏电保护器时，其重复接地只能接在漏电保护器的电源侧，而不允许接在负载侧，如图 9-17 所示。

⑥ 漏电保护器负载侧使用的中性线应通过其内部的零序电流互感器，不得将其跨接或并联跨接至负载侧。同时要注意，电路的中性线必须从漏电保护器的负载侧对大地绝缘，如图 9-18 所示。

第9章 农村电气运行安全技术

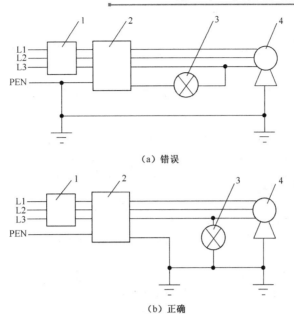

1—低压断路器；2—漏电保护器；3—信号灯；4—电动机

图 9-17 三相四线的漏电保护器接法

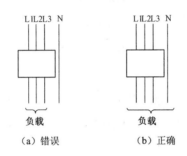

图 9-18 漏电保护器电源中性接法

⑦ 为了防止电磁感应干扰造成漏电保护器误动作，应尽可能缩短线路长度，最好采用屏蔽方法，将导线穿管敷设。

⑧ 为了防止雷电感应的过电压和操作过电压等引起的误动作，可采用延时型或冲击波电压不动作型漏电保护器。

⑨ 当水银灯和荧光灯的数量过多时，由于镇流器产生的高电势所产生的对地电容充电电流会引起误动作，此时应当缩减灯具的数量与长度，同时在一次、二次侧采用绝缘措施，并不得使用自耦式镇流器。

⑩ 因电动机启动电流和漏电保护断路器瞬时脱扣装置的不协调而引起误动作，应采用适合电动机特性的过电流漏电保护器。

9.4.2 漏电保护器设备的选择

（1）总保护。

配电变压器的低压侧必须安装总保护。总保护一般可安装在变压器中性点接地线上或变压器低压总电源线上。当变压器供电范围较大或有重要用户时，为了避免保护器动作后造成大面积停电或对重要用户停电，总保护应装在各条低压引出线上。当发生接地故障时，应及时处理，以免造成不必要的损失。

总保护的额定漏电动作电流宜分成可调的档次，其最大值由县级或相当于县级的电力部门参照表 9-1 确定。

表 9-1　总保护最大额定漏电动作电流值　（mA）

电网类别	阴雨季节	非阴雨季节
漏电电流较小的电网	200	75
漏电电流较大的电网	300	100

注：① 阴雨季节由县级电力部门确定起止月份。
② 实现完善分级保护后，允许将动作电流值适当增大。由省电力部门确定是否使用 500 mA 动作电流值。

总保护的漏电动作时间在没有下一级保护时，应符合表 9-2 的要求；在有下一级保护时，应比下一级保护动作时间增加 0.2 s，以保证有选择性地工作。

表 9-2　总保护的最大漏电动作时间

保护器额定漏电动作电流值 $I_{\Delta n}$	保护器额定电流 I_0	最大漏电动作时间（s）		
		$I_{\Delta n}$	$2I_{\Delta n}$	$5I_{\Delta n}$
≥0.03 A	任何值	0.2	0.1	0.04
	≥40①	0.2	—	0.15

注：①适用于组合式漏电保护装置。

（2）末级保护。

装在低压电网末端的最后一级保护称为末级保护。移动式电力设备、临时用电设备和家庭用电设备宜装末级保护。保护器的额定漏电动作电流不大于 300 mA，并选用快速型漏电保护器。保护器最大漏电动作时间见表 9-3。

表 9-3　移动式电力设备、家用电器和临时用电设备的保护器最大漏电动作时间

$I_{\Delta n}$	I_r	最大漏电动作时间（s）		
		$I_{\Delta n}$	$2I_{\Delta n}$	0.25A
≤0.03A	任何值	0.2	0.1	0.04

固定安装的电动机及其他用电设备的额定漏电动作电流值，不应大于上一级保护器的额定漏电动作电流值，并根据表 9-4 选择。保护器的最大漏电动作时间应符合表 9-4 的要求。

表 9-4　保护器额定漏电动作电流和电动机外壳接地电阻配合表

保护器额定漏电动作电流（mA）		≤30	50	75	100	300
电动机外壳接地电阻（Ω）	一般场所	自然接地	500	500	500	160
	特别潮湿场所	自然接地	500	330	250	80

9.5　农村电气安全管理组织措施

在农村电气设备上工作，保证安全的管理组织措施为：①工作票制度；②工作许可制度；

③工作监护制度；④工作间断、转移和终结制度。

（1）工作票制度。

电气作业人员的工作票是表明准许在高压或危险的电气设备和线路上进行工作、检修的书面命令。

在停电检修或带电作业时，为了保证工作顺利和安全地进行，均应建立工作票制度。工作票的内容和项目，可以按不同的检修工作任务、设备条件、管理机构，制定适合本行业的工作票格式。工作票的主要内容和项目如下。

① 停电检修工作票内容：

a. 施工地点和工作内容；

b. 工作开始时间和预定结束时；

c. 停电范围和必须断开的形状名称和编号；

d. 必须采取的安全措施；

e. 工作负责人和工作人员姓名、工作票签发人的签名；

f. 变电所值班人员按工作票要求停电后的签名；

g. 工作全部结束后，工作负责人签注"可以送电"，然后交变配电室值班人员；

h. 变电所值班人员送电后，签注"已送电"。

② 带电工作的工作票内容：

a. 施工地点和工作内容；

b. 工作开始时间和预定结束时间；

c. 必须采取的安全措施；

d. 工作负责人、监护人和工作人员的姓名、工作票签发人的签名。

③ 签发工作票的要求：

a. 工作票签发人，应由熟悉情况和有经验的领导担任，并应对工作人员的安全负责。

b. 工作票中须注明应拉开的开关和闸刀编号、名称，应装设临时接地线的部位以及应采取的安全措施。

c. 工作负责人应在工作票上填明工作内容、工作时间，并且必须始终在工作现场负责。

d. 工作许可人应按工作票停电，并做好安全措施。还应向工作负责人交待并检查停电范围，作好安全措施，指明带电部分，移交工作现场，双方签名后，方可工作。

e. 工作完毕后，工作人员应清扫现场、清点工具，工作负责人应清查人数，带领全部工作人员撤出现场。双方签名后，将工作票交工作许可人。

f. 送电前，值班人员需仔细检查现场后，才能送电。

（2）工作许可制度。

履行工作许可手续的目的，是为了在完成好安全措施以后，进一步加强工作责任感。因此，必须在完成各项安全措施以后再履行工作许可手续。

工作许可人（值班员）在完成施工现场的安全措施后，还应做到以下几点：会同工作负责人到现场再次检查所做的安全工作，以手触试，证明检修设备确无电压；对工作负责人指明带电设备的位置和注意事项；和工作负责人在工作票上分别签名。完成上述许可手续后，方可开始工作。

工作负责人、工作许可人任何一方不得擅自变更安全措施，值班人员不得变更有关检修设备的运行接线方式。工作中如有特殊情况需要变更时，应事先取得对方的同意。

(3) 工作监护制度。

执行工作监护制度的目的是使工作人员在工作过程中始终得到监护人的指导和监督，及时纠正一切不安全的动作和其他错误做法，特别是在靠近带电部位及工作转移时更为重要。因此：

在完成工作许可手续后，工作负责人（监护人）应向工作班人员交待安全措施和注意事项，必须始终在工作现场认真做好监护工作。

为了防止人身触电，在自始至终的整个工作过程中，工作负责人（监护人）均应负责监护工作。当进行的工作较为复杂、安全条件较差时，还应增设专人监护。专职监护人不得兼任其他工作。

工作期间，工作负责人若因故必须离开工作地点时，应指定能胜任的人员临时代替，并详细交待现场工作情况，同时通知工作班人员。若工作负责人需要长时间离开现场，应由原工作票签发人指派新的工作负责人，两工作负责人做好必要的交接。

(4) 工作间断、转移和终结制度。

工作间断时，所有安全措施应保持原状。当天的工作间断之后继续工作时，无须再经许可；而对隔天之间的工作间断，应交回工作票，次日复工前，还应重新得到值班员的许可。

在未办理工作票终结手续以前，值班员不准在施工设备上进行操作和合闸送电。

在同一电气连接部分用同一张工作票依次在几个工作地点转移工作时，全部安全措施应由值班员在开工前一次做完，不需要再办理转移手续。但工作负责人在每转移一个工作地点时，必须向工作人员交待带电范围、安全措施和注意事项。

全部工作完毕后，工作班应清扫并整理现场。工作负责人应先进行周密的检查，待全体工作人员撤离工作地点后，再向值班人员讲清所修项目、发现的问题、试验结果和存在的问题等。并与值班人员共同检查设备状况、有无遗留物件、是否清洁等，然后在工作票上填明工作终结时间。经双方签名后，工作票方告终结。

只有在同一停电系统的所有工作票结束，拆除所有接地线，临时遮栏和标牌，恢复常设遮栏，并得到值班高度员或值班负责人的许可命令后，方可合闸送电。

已结束的工作票应加盖"已执行"印章后妥善保存三个月，以便于检查和进行交流。

9.6 农村电气设备防火、防爆和消防

由于电气设备方面原因引起的火灾时有发生，有时是以电气设备设施火灾为主，有时火灾也可能蔓延到化工原料、房屋、家具等其他地方，而且电气火灾与其他原因引起的火灾有所不同，主要表现在燃烧中带油电气设备可能发生喷油爆炸，火灾扑救过程中可能发生消防人员触电的危险等。因此，电气火灾预防与扑救的方法也有所不同，必须了解电气火灾发生的原因，采取各种预防措施，在火灾发生后采用正确的扑救方法和防护措施，以防止发生人身触电与设备爆炸事故。

9.6.1 电气设备火灾的原因与预防

由电气方面的原因引起的火灾或爆炸称为电气火灾。发生电气火灾或爆炸，一般是在易燃易爆环境中，由电气发热或产生火花而引起的。针对各种情况与环境，要本着预防为主，隐患险于明火，防范胜于救灾的原则，采取各种预防措施，并与其他防火措施相结合，尽可能杜绝火灾的发生。

1. 电气设备方面原因与预防措施

（1）正常状态。有些电气设备在正常运行时，会产生高温、高热、电弧和火花，如开关的开、合操作中会产生电弧与火花，电加热设备在工作中产生高温高热等，这是造成电气火灾的一个重要原因。对于这种设备不应安装在易燃易爆的环境中，在易燃易爆环境中，应安装专门的防爆电器，防爆电气开关应密封，电线电缆的电压等级、导线截面要符合要求，并用钢管暗敷，电气接头应连接好并密封在接线盒内，各种电气设备都要符合防爆要求。

在上述易燃易爆环境中使用电钻等工具，进行电气工作需要动火时，要办理动火证，得到安全部门及工作场所所属单位的许可，并备好灭火器材，做好防火措施后方可开始工作。

电气设备的外壳应有可靠的保护接地或接零，以便在发生接地短路故障时能迅速切断电源，以防止短路电流长期流过线路或电气设备，产生高温高热或火花。

（2）故障状态。电气设备在短路、过负荷等故障状态下，会产生电弧、火花，甚至明火，这也是造成电气火灾一个重要原因。在电气设备、电线、电缆的选择、安装时，其额定电压、额定电流、绝缘材料以及导线截面等都要符合要求。接头连接良好可靠，正确选择保护、信号装置，合理设定动作设定值。在日常巡视与维护过程中要加强注意，及时发现隐患，及时排除。厂房等场所要安装火灾报警系统，工作准确可靠。

（3）带油电气设备与防爆。电力变压器、断路器、电容器、充油电缆等带油电气设备由于缺油、短路、年久失修等原因，可能会因为短时间内积聚大量热量而发生爆炸。绝缘瓷套管破损、严重污垢，会发生放电、击穿而爆裂。有时避雷器、单相环氧树脂电压互感器也会由于过电压而爆炸。对于此类爆炸的预防，除在电气元件、设备的选择、安装时符合规定外，在日常巡视与维护当中应加强注意，及时排除隐患。

2. 环境方面原因与预防措施

化工企业、纺织企业、液化气站等易燃易爆环境，存在着大量可燃气体、粉尘与纤维等物质，一旦被火源引燃，便极可能造成火灾或爆炸。为防止电气火灾的发生，除上面所述的从电气设备方面采取预防措施以外，在电气设备的周围环境方面也要采取一定的预防措施。

易燃易爆物品的生产、运输、储存要密封良好，经常巡视检查，防止泄漏。降低易燃易爆物品的浓度，将其降到不致引起火灾和爆炸以内。厂房或室内应保持良好的通风等。

3. 静电火灾及其预防措施

工业生产中的粉尘、固体、气体、液体在生产、输送、混合、粉碎过程当中，由于物体间

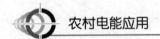

的相互摩擦，会产生静电，有的静电电压可以高达上万伏。如此高的静电电压放电时也会引起火灾、爆炸与人身触电事故。对于导电体，可以用防静电接地的方法来防止静电积累，从而消除静电的危害。而对于非导电体则用控制静电产生的方法来消除静电的危害。

凡生产、输送、储存易燃易爆气体、粉尘、液体的设备及一切可能产生静电的部件或设备必须可靠接地。运输用的汽车要装设接地链条，并与车身连接良好，将车上产生的静电引入大地。具有爆炸危险的场所或建筑物，其地板应由导电板制成，且导电板可靠接地。同一场所两个及以上可能产生静电的部件或设备，除分别接地外，还应做金属均压连接，以防止相互间由于存在电位差而放电。

9.6.2 电气设备火灾的扑救

发生电气设备火灾时，应立即组织人员用正确方法进行扑救，同时向公安消防部门报警。

1. 常用电气设备灭火器材

（1）二氧化碳灭火器。二氧化碳灭火器是一种扑救电气火灾的气体灭火器，为液态筒装。当液态二氧化碳喷射时，体积膨胀400～700倍，冷却凝结为霜状干冰，灭火时干冰在燃烧区直接变为气体，吸热降温并使燃烧物与空气隔离，从而达到灭火的目的。

（2）干粉灭火器。干粉灭火剂主要由钾或钠的碳酸盐类加入滑石粉、硅藻土等混合而成，不导电。干粉灭火剂在火区覆盖在燃烧物上，受热后产生二氧化碳和水蒸气，因其有隔热、吸热和隔离空气的作用，从而达到灭火的目的。干粉灭火器有人工投掷和压缩气体喷射两种。

（3）"1211"灭火器。二氟一氯一溴甲烷简称"1211"，是一种高效、低毒、腐蚀性小、灭火后不留痕迹、使用安全、储存期长的新型优良灭火剂，特别适用于扑灭油类、电气设备、精密仪器仪表及一般有机溶剂火灾。

（4）灭火器材的放置与保管。在变配电室、重要电气设备处、开关室、电气控制室等地方都应放置灭火器，灭火器材应放置在可以随时方便取用的位置上。注意冬季防冻，夏季防晒，防止受潮和摔、碰。灭火器一般每年进行一次检查、更新或更换灭火剂，在灭火器上应标有有效期限。

2. 电气设备火灾的扑救方法与安全注意事项

（1）使用上述灭火器材时，灭火器与带电体之间应保持以下安全距离：10 kV及以下不小于1 m，110～220 kV及以上不小于2 m。

（2）使用二氧化碳灭火器时，扑救人员应站在上风口，同时打开门窗加强通风，对准火源小心喷射，注意不要使干冰贴着皮肤造成冻伤。

（3）电气火灾发生后，电气装置可能仍然带电，又因为电气设备绝缘可能损坏，导线落地等短路事故发生，在一定的范围内存在接触电压和跨步电压，所以扑救时必须采取相应的安全措施，如穿绝缘鞋，以防止触电事故的发生。

（4）电气装置发生火灾时，充油电气设备受热后可能发生喷油、喷火或爆炸，扑救火灾时应根据起火现场和电气设备的具体情况做一些特殊规定，并采取特殊措施。

（5）断开电源时，应按照规程规定顺序进行操作，严禁带负荷拉开刀闸，操作时，应戴绝缘手套，穿绝缘鞋，使用电压等级合适的绝缘工具，夜间切断电源时，应考虑照明问题。

（6）断开带电线路的导线时，断开点应在电源侧支持物附近，以防导线断落后触及人身造成触电及短路事故，切断多股导线时，应使用带绝缘柄的工具分相断开。

（7）需要电力部门切断电源时，应迅速与供电部门联系，并讲清楚情况，切断电源后的电气火灾可按一般火灾扑救。

（8）无法及时切断电源时，扑救人员使用的灭火器也要与带电体保持规定的安全距离，高压线路或设备线路接地时，为防止跨步电压触电，室内扑救人员与故障点距离不小于 4 m，室外不小于 8 m，应穿绝缘靴，戴绝缘手套。

（9）架空线路带电灭火时，人体与带导线之间的仰角不应大于 45°。应站在线路外侧以防止导线断线造成触电事故。使用水枪带电灭火时，扑救人员应穿绝缘靴，戴绝缘手套，将水枪金属喷嘴接地，其接地导线截面为 2.5～6 mm，长度约为 20～30 m 的编织软线，接地体埋设深度不小于 1 m，有条件的带电灭火时应穿均压服。

9.7 思考题与习题

1. 漏电保护装置有哪些？
2. 农村触电的形式有几种？
3. 触电后的临床表现是什么？
4. 农村电气设备安全的管理组织措施是什么？
5. 触电后的临床表现和脱离电源的方法是什么？
6. 发生触电事故后心肺复苏法是什么？
7. 发生触电事故后创伤急救法是什么？

参考文献

[1] 李金伴、陈树人主编，农村电工手册，北京：化学工业出版社，2011.
[2] 李金伴等编著，电工工具速查手册．北京：化学工业出版社，2009.
[3] 宗平编著，物联网概论，北京：电子工业出版社，2012.
[4] 孙克军主编，农村电工手册，北京：机械工业出版社，2002.
[5] 李蔚田主编，物联网基础与应用，北京：北京大学出版社，2012.
[6] 于亦凡等编著，新编实用电工手册，北京：人民邮电出版社，2007.
[7] 张植保主编，变压器原理与应用，北京：化学工业出版社，2007.
[8] 王毅主编，物联网技术及应用，北京：国防工业出版社，2011.
[9] 沙占友、沙江编著，数字万用表检测方法与应用，北京：人民邮电出版社，2004.
[10] 谭延良、周新云主编，变电站值班电工，北京：化学工业出版社，2007.
[11] 周裕厚编著，变配电所常见故障处理及新设备应用，北京：中国物资出版社，2002.
[12] 李蔚田主编，物联网基础与应用，北京：北京大学出版社，2012.
[13] 蔡行荣、庄衍平主编，柴油发电机组选型细则．通信电源技术，2007，24(5)：79-82.
[14] 杨永平、马忠山主编，应急柴油发电机组的应用与选择．中国科技信息，2007，(16)：175-176.
[15] 朱小清编著，照明技术手册，第2版．北京：机械工业出版社，2004.
[16] 周希章、刘修文、张庆双编著，简明农村电工手册．北京：金盾出版社，2008.
[17] 周长吉编著，温室工程设计手册．北京：中国农业出版社，2007.
[18] 周长吉编著，温室灌溉原理与应用．北京：中国农业出版社，2007.
[19] 马承伟、苗香雯编著，农业生物环境工程．北京：中国农业出版社，2005.
[20] 李式军编著，设施园艺学．北京：中国农业出版社，2002.
[21] 孙志强、刘成良、曹其新编著，基于GPS的联合收割机智能测产仪器的研制．机电工程．2003，20(2)：5-8.
[22] 李金伴、李捷辉等编著，开关电源技术．北京：化学工业出版社，2006.
[23] 张博编著，GPS在农业中的应用技术研究．北京：中国农业大学出版社，2000.
[24] 冯斌编著，AgGPS132定位测量技术研究．农业机械学报，2002，33(6) 183-85.
[25] 王善斌主编，电工测量，北京：化学工业出版社，2008.

反侵权盗版声明

电子工业出版社依法对本作品享有专有出版权。任何未经权利人书面许可，复制、销售或通过信息网络传播本作品的行为；歪曲、篡改、剽窃本作品的行为，均违反《中华人民共和国著作权法》，其行为人应承担相应的民事责任和行政责任，构成犯罪的，将被依法追究刑事责任。

为了维护市场秩序，保护权利人的合法权益，我社将依法查处和打击侵权盗版的单位和个人。欢迎社会各界人士积极举报侵权盗版行为，本社将奖励举报有功人员，并保证举报人的信息不被泄露。

举报电话：（010）88254396；（010）88258888
传　　真：（010）88254397
E-mail：　dbqq@phei.com.cn
通信地址：北京市万寿路173信箱
　　　　　电子工业出版社总编办公室
邮　　编：100036